Richarz | Hormann – Einfach selber bauen

Bibliografische Information der Deutschen Nationalbibliothek
Die Deutsche Nationalbibliothek verzeichnet diese Publikation in der Deutschen Nationalbibliografie; detaillierte bibliografische Daten sind im Internet über http://dnb.de abrufbar.

3., erweiterte Auflage

www.aula-verlag.de

Umschlagbilder: Bengt-Thomas Gröbel, Alfred Limbrunner, Norbert Heßler
Abbildungen: s. Bildnachweis auf S. 102
Druck und Verarbeitung: Plump Druck & Medien GmbH, Rheinbreitbach
Printed in Germany/Imprimé en Allemagne

ISBN 978-3-89104-857-3

Klaus Richarz | Martin Hormann

Einfach selber bauen

Artgerechte Nist- und Futterhäuser für heimische Vögel

3., erweiterte Auflage

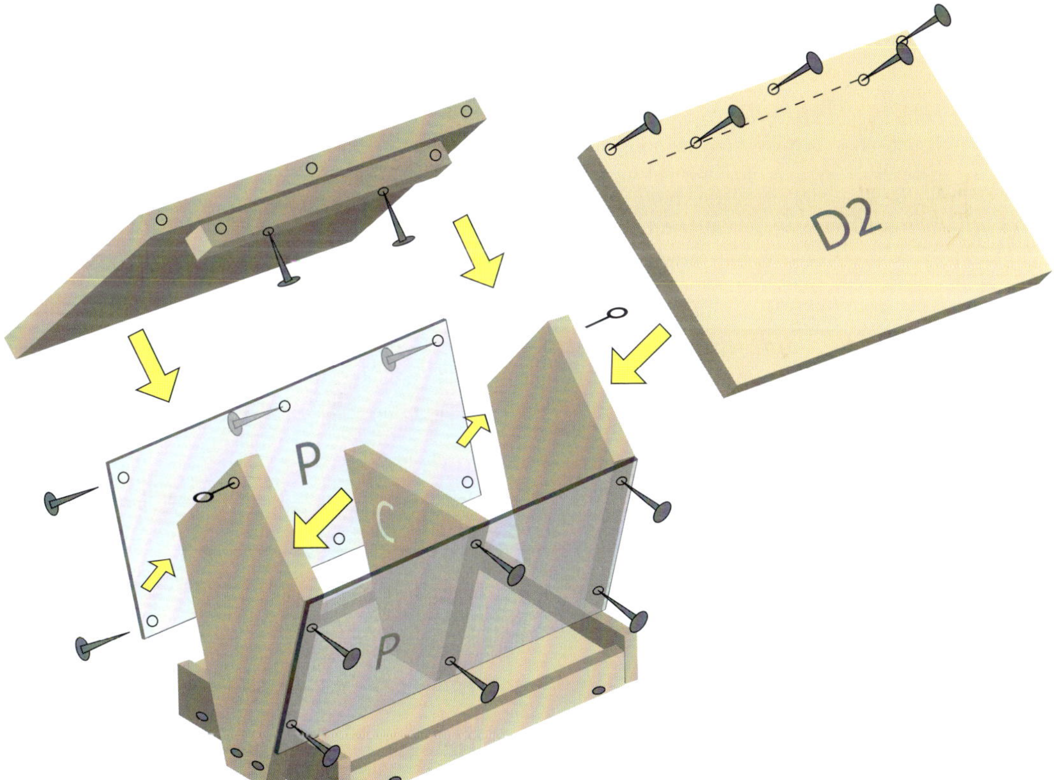

Inhaltsverzeichnis

Danksagung

Die Autoren bedanken sich bei ihrem ehemaligen Vogelschutzwarten-Kollegen Dr. Rudolf Roßbach für seine bekannt gründliche Durchsicht des Manuskriptes sowie wichtige fachliche Hinweise. Wichtige Anregungen zum Bau von Nistkästen mit Sicherungen vor Nesträubern erhielten wir von den Naturschutzpraktikern Hans Drescher und Norbert Heßler. Marvin Goetze war uns eine große Hilfe bei der technischen Umsetzung von vielen Details. Wir bedanken uns bei Frau Anita Schäffer, die aus schlichten Skizzen perfekte Zeichnungen von Nistkästen und Futterhäusern schuf, die den Bau tatsächlich einfach(er) machen. Die Zeichnungen konnten ergänzt werden durch die Bauanleitung für einen beraubungssicheren Nistkasten. Dafür seien der NABU-Ortsgruppe Villingen und Norbert Heßler herzlich gedankt. Unser ganz besonderer Dank gilt Kurt Goß – hier „Opa" Kurt genannt – für seine vielen innovativen Ideen beim Bau von Nisthilfen und ihrem praktischen Einsatz.

Warum bauen Vögel Nester? – Kurze Einführung in das Brutverhalten der Vögel

Die meisten Reptilien, als Vorfahren der Vögel, verscharren ihre Eier im Boden, um sie von der Sonne ausbrüten zu lassen. Die dadurch programmierte Verlustquote an Eiern und Jungtieren gleichen sie durch entsprechend hohe Gelegezahlen aus. Diese Methode konnte allerdings nur in relativ warmen Regionen funktionieren und musste spätestens bei der Eroberung des Luftraums versagen, denn viele Eier im Körper machen aufgrund des Gewichtsproblems das Fliegen unmöglich. Um flugfähig zu bleiben und zudem auch kältere Erdregionen besiedeln zu können, lernten die Vögel, ihre Eier zu verbergen, vor Feinden zu schützen und sie unter ihrem Körper warm zu halten. Damit verbunden war die „Erfindung" des Nestbaues.

So unterschiedlich wie die Vogelarten – von Kolibri bis Strauß, von Pinguin bis Mauersegler – so vielgestaltig sind auch ihre Nester. Sie gibt es wohl in allen erdenklichen Variationen: von der flüchtig angelegten Bodenmulde (bei Watvögeln und Möwen) über das kunstvoll geflochtene Kugelnest (bei Beutelmeise), die Erdhöhle (bei Bienenfresser und Eisvogel), das Lehmnest (bei Schwalben und Töpfervögeln), dem Schwimmnest (bei Lappentauchern wie dem Haubentaucher) bis hin zum Speichelnest (bei Salanganen). „Mietwohnungen", also der Bezug von Nestern anderer Arten, oder das „Mehrfamilienhaus" (bei Siedelsperlingen und Webervögeln) runden die Variationsbreite ab. So bewohnen beispielsweise Waldohreulen verlassene Raben- oder Greifvogelnester, Hohltauben und Raufußkäuze die Höhlen von Schwarzspechten und Sperlingskäuze leerstehende Baumhöhlen von Buntspechten. Einige Arten verzichten nach wie vor auf „feste Häuser": Uhu und Wanderfalke genügen z. B. schon ein Felssims zum Brüten. Wo die Feenseeschwalbe keine Felsvorsprünge findet, legt sie ihr einziges Ei einfach auf die flache Stelle eines Astes, um es dort in nestgemäßer Hockstellung auszubrüten. Die beiden Großpinguine Königs- und Kaiserpinguin sind schließlich die einzigen Vogelarten, die weder ein Nest noch einen festen Nistplatz brauchen: In der antarktischen Kälte liegt das ebenfalls einzige Ei auf den fettgepolsterten Füßen von Vater oder Mutter Pinguin, die es mit ihrer Bauchfalte noch wärmend umschließen und damit sogar watschelnd spazieren gehen.

Amselnest mit fast flüggen Jungvögeln

Das Frühjahr – die (meist) bevorzugte Brutzeit

Brüten im Frühjahr hat zwei entscheidende Vorteile: Die Temperaturen steigen, so dass die Gefahr der Auskühlung von Gelege und Jungen geringer wird (bzw. die elterliche Investition in die „Heizkosten" sinkt).

Der zweite und weit wichtigere Vorteil des Frühjahrs: Die meisten heimischen Singvögel füttern ihre Jungen mit Insekten und Spinnen, die im Winter kaum zu finden, im Frühjahr dagegen reichlich vorhanden sind. Da Nestbau, Brut und Aufzucht der Jungen bei kleinen Vogelarten nur wenige Wochen in Anspruch nehmen, brüten zahlreiche Arten sogar mindestens zweimal im Jahr. So zieht sich die Brutperiode oft weit in den Som-

Buntspecht-Männchen beim Füttern des Jungvogels

mer hinein. Das Nahrungsangebot ist auch Grund dafür, dass der Fichtenkreuzschnabel bei uns mit seiner Brutzeit völlig aus der Reihe tanzt. Er brütet nämlich dann, wenn sich die Zapfen im Winter öffnen und ihre Samen leichter freigeben. So ist für ihn Januar/Februar die ideale Brutzeit.

Mit und ohne Dach über dem Kopf

Vogelarten, die ihr Nest auf Ästen errichten, müssen sich auf das Blätterdach als Tarnung und Wetterschutz verlassen. Dafür bieten sich ihnen nahezu unendlich viele Möglichkeiten für die Nestanlage. Im Unterschied zu diesen sogenannten „Freibrütern" liegt der Vorteil des Nischen- und Höhlenbrütens darin, dass die Vögel während ihres Brutgeschäftes ein „festes Dach über dem Kopf" haben und ihren Nachwuchs zudem noch mit größerer Sicherheit vor allen möglichen Fressfeinden aufziehen können. Wie immer im Leben ist auch hier der Vorteil mit Nachteilen verbunden: Den Nischen- und Höhlenbrütern steht für ihre Nestanlage

Buntspecht beim Innenausbau seiner Bruthöhle

immer nur ein verhältnismäßig kleines „Wohnraumangebot" zu Verfügung, um das sich noch die verschiedensten „Bewerber" streiten müssen.

Hinzu kommt, dass die Nistmöglichkeiten in menschlich geprägten Lebensräumen ohnehin immer knapper werden. Und genau hierin liegt die Begründung, warum wir für Vögel Nisthilfen anbieten sollten. Die Devise könnte also lauten: „ Nichts wie los mit dem Nistkastenbau". Doch sollten wir uns vor den handwerklichen Aktivitäten noch einmal in aller Kürze die allgemeine Situation unserer Vogelwelt klar machen.

Die Situation unserer Gefiederten

Wie steht es um die Vogelwelt? Welche Artengruppen sind besonders gefährdet? Auf welchen Feldern ist der Handlungsbedarf am dringlichsten? Nach der letzten

Hausrotschwanz-Männchen mit fetter Beute

Bestandsaufnahme, an der sich mehrere Tausend Experten und ehrenamtliche Helfer beteiligt haben, ergibt sich in Stichworten folgendes Bild:

- Von den 259 heimischen Brutvögeln stehen 112 Arten (43%) auf der aktuellen Roten Liste (2021); auf der Vorwarnliste werden weitere 21 Arten geführt.
- Bodenbrütenden Feldvögeln wie Feldlerche, Rebhuhn und Kiebitz geht es nach wie vor schlecht.
- Brutvögeln der Feuchtgrünländer und Sandstrände droht das Aussterben! Ein Schicksal, das Alpenstrandläufer und Kampfläufer in Deutschland unmittelbar bevorsteht.
- Langstreckenziehern geht es überproportional schlecht!
- Rastbestände überwinternder Wasservögel verlagern sich europaweit immer mehr in Richtung Nordosten.
- Der Nachhaltigkeitsindikator für Artenvielfalt und Landschaftsqualität zeigt aktuell keine Verbesserung und liegt bei 70% des Zielwertes für 2015. Bautätigkeiten und Landnutzung müssen in Zukunft stärker auf die Ziele der Nachhaltigkeit ausgerichtet werden.

Macht Nistkastenbau überhaupt noch Sinn?

Müssen wir nach diesen Fakten resignieren und zu der Feststellung kommen, dass die Anbringung von Nistkästen von gestern ist und heute keinen Sinn mehr macht? Keineswegs! Viele der oben genannten Fakten scheinen auf den ersten Blick durch allgemeine gesellschaftliche Entwicklungen und großflächige Nutzungsänderungen mit all ihren Folgewirkungen bedingt zu sein. Doch letztlich wird dieser Wandel vom Handeln jedes Einzelnen mitbestimmt. So führen billig produzierte Lebensmittel zu immer intensiveren Formen der Landwirtschaft, und jeder von uns trägt mit seinem steigenden Energieverbrauch zur Erderwärmung bei. Wenn wir wirklich wollen, können wir dieser Entwicklung durch umweltbewusstes Verhalten entgegensteuern. Daneben können und sollten wir mit unserem ganz privaten Beitrag für den Natur-/Artenschutz beginnen, indem wir den „Wohnungssuchenden" unter den Vögeln unter die Flügel greifen und ihnen artgemäße „Wohnungen" durch Nistkästen und -hilfen anbieten. Und zwar unabhängig davon, wie sehr die einzelnen Arten tatsächlich auf ein solches Angebot angewiesen

Gartenrotschwanz-Männchen an unterschiedlichen Nistplätzen: Links Brutkasten, rechts Baumhöhle

sind. Während nämlich Arten wie Mauersegler oder Steinkauz mit ihrem Vorkommen bereits weitgehend abhängig von einem solchen Nistkasten-Angebot sind, finden andere immer noch genügend natürliche Strukturen zum Nisten. Auch zählen die meisten der bei uns Nistkästen nutzenden Kleinvögel noch zu den häufigeren, zum Teil sogar zu den häufigsten Vogelarten. Dennoch können wir mit Nistkästen in unserem Lebensumfeld den Gefiederten Komfort und uns schöne Naturerlebnisse bieten. Zwei gute Gründe also, um mit dem Bauen für Vögel anzufangen!

Sag mir, wo Du lebst und ich sag' Dir, welcher Nistkasten-Bewohner zu erwarten ist

Die meisten der im Buch vorgestellten Höhlen- und Nischenbrüter kommen, wenn auch in unterschiedlichen Dichten, übers ganze Land verteilt vor. Damit scheidet ihre regionale Zuordnung schon einmal weitgehend aus. Dagegen hat das landschaftliche Umfeld für ihr Vorkommen oder Ausbleiben eine entscheidende Bedeutung. Von den vorgestellten Arten brauchen Hausrotschwanz und Mauersegler mit am wenigsten „Grün". Sie bewohnen beim passenden Brutplatzangebot selbst die am dichtesten bebauten Innenstädte. Bis dorthin können auch Turmfalke, Dohle und Mehlschwalbe vordringen. Andere Arten sind dagegen stärker auf das Vorhandensein von Parks,

Gärten und Friedhöfen mit „Waldcharakter" angewiesen (z.B. Meisen, Kleiber, Zaunkönig, Baumläufer). Für wiederum andere sind lockere Baumbestände, wie sie sich etwa in altholzreichen Laubwäldern, Auwäldern oder Streuobstwiesen finden (z.B. Halsbandschnäpper, Wendehals) oder schnell fließende Gewässer (Wasseramsel) entscheidende Lebensraumkriterien. Die Rauchschwalbe sucht dagegen die Nähe zum Vieh. Waren dies früher Kuhställe mit ihrem Fliegen-Angebot, sind es heute „ersatzweise" die Reiterhöfe am Rande der Städte. Wenn wir uns für das Bauen und Aufhängen von Nistkästen entscheiden, ist deshalb zuvor ein prüfender „Rundblick" vom vorgesehenen Standort aus sinnvoll. Haben wir am Haus einen (möglichst naturnahen) Garten, eine Grünfläche mit Bäumen und Büschen, dann ist auch mit einer Besiedlung unseres Wohnungsangebots zu rechnen. Weitere Details zum Brutort finden sich in den speziellen Arttabellen.

Die artgerechte Vogelwohnung

Bereits um 1850 hat der schlesische Zoologe Constantin W. L. Gloger systematisch Nistkästen entwickelt. Er richtete hohle Hartholzbaumstücke nisttauglich her und führte damit Versuche durch. Ziel war es, den Brutplatzansprüchen der Baumhöhlen bewohnenden Vögel in optimaler Weise gerecht zu werden. Er hatte seine Ideen zur Konstruktion der Nistkästen, wie auch einige Jahre später der thüringische Ornithologe Freiherr von Berlepsch, der Natur entliehen. Untersuchungen an Spechthöhlen lieferten wichtige Informationen und waren Vorbild für den Bau verschiedener Nistkastentypen. Mit Hilfe eines Holzschuhmachers ließ von Berlepsch die Spechthöhlen genau nachbauen, und später optimierte er sie anhand der Ansprüche der einzelnen Vogelarten an ihre Bruthöhlen. Das erste „Nistkasten-Design" war exakt nach den brutbiologischen Ansprüchen der Höhlen bewohnenden Arten entstanden. Dennoch wurden an dem Nistkasten umfangreiche Prüfungen in der staatlichen Versuchs- und Musterstation für Vogelschutz in Seebach vorgenommen, um ihn zur „Serienreife" zu bringen. Die damaligen Nistkasten-Prototypen waren lange Zeit Erfolgsmodelle.

Folgende Punkte sind für den Bau des Kastens von entscheidender Bedeutung:

- Verwendung von Holz als witterungsbeständigem Werkstoff (sägeraue Bretter, 2 cm stark, aus Fichte, Kiefer, Tanne); ermöglicht gute Thermoregulation (Vermeiden von Überhitzung und Unterkühlung im Nistkasten)
- ausreichendes Innenvolumen des Nistkastens entsprechend dem Platzbedarf der Vogelarten (Mindestvolumen für Kleinvögel unterhalb des Flugloches 1600 cm^3)
- Flugloch direkt unterhalb der Nistkastenabdeckung; Fluglochgröße entsprechend der zu fördernden Arten
- keine Verwendung von Holzschutzmitteln oder lösungsmittelhaltigen Farben; wenn, dann nur Verwendung von Naturfarben

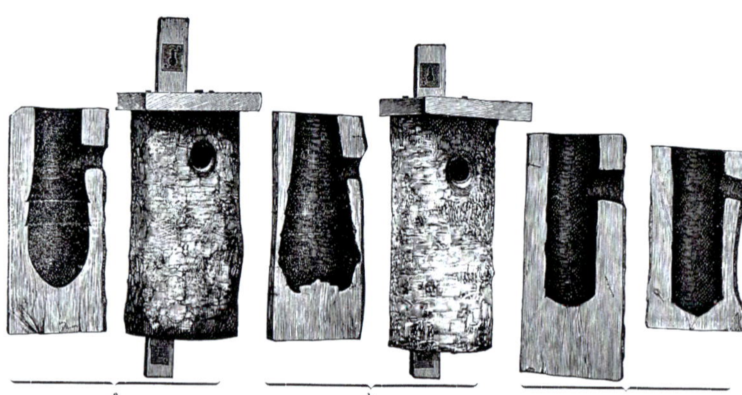

Abb. 81.
Vorschriftsmäßige v. Berlepsch'sche Nisthöhlen und unbrauchbare Nachahmungen.
a Höhlen aus den Fabriken von Scheid, Büren in Westfalen, b und c aus anderen Fabriken.

Frühe Nistkastenmodelle von Freiherr von Berlepsch. Die beiden rechten Modelle sind suboptimal, da der Brutraum zu klein ist.

Hilfe für den Innenausbau: Federspender

Viele Höhlenbrüter nutzen gerne zum Innenausbau Federn als Polsterung und Wärmeschutz. Früher fanden die Gartenvögel diese reichlich auf Bauernhöfen mit freilaufendem Federvieh oder im Hühnerpferch hinterm Haus. Heute sind solche ergiebigen Fundplätze selten geworden. Mit einem Federspender können wir den Federsuchern leicht helfen: Die alten Bettfedern in einen oben abgedeckten Drahtkorb gesteckt, der an einen Baumast im Garten aufgehängt oder auf ein Flachdach gestellt wird, werden bald zum großen Anziehungspunkt für Spatzen und andere Singvögel aus der Umgebung, die mit unseren Bettfedern im Schnabel zu ihrem Nistkasten fliegen. Einige der Federn werden uns dann bei der herbstlichen Kontrolle unserer Nistkästen bekannt vorkommen…

Drahtkorb mit Bettfedern als Federspender

Sinn und Unsinn von Designer-Vogelhäusern

Gerne geben wir den Vögeln eine Hilfestellung, damit sich unsere gefiederten Freunde bei uns ansiedeln und brüten. Ist der Garten nicht zu aufgeräumt und naturnah gestaltet, dann gelingt dies durch das Anbringen geeigneter Nistkästen recht schnell. Natürlich muss man sich im Vorfeld über die Brutbiologie der zu fördernden Vogelarten Gedanken machen und den Nistkasten danach „designen“. Leider spielt heute, mehr als 150 Jahre nach den Überlegungen von Freiherr von Berlepsch zum artgerechten Nistkarten, vielmehr das „äußerliche“ Design bei Kauf und Bau des Nistkastens eine Rolle. Wer kennt sie nicht, die bunten mit Ölfarbe angemalten Nistkästen oder „hip“ designten Futterhäuschen, die auf fast jeder Gartenausstellung angeboten werden. Die schrillen Nistkästen finden offenbar Käufer. Jedoch macht man sich kaum Gedanken, ob man den gefiederten Freunden damit einen Gefallen tut. Im Internet gibt es ein fast unüberschaubar großes Angebot an „Designer-Vogelhäusern“, von der „Designer-Vogel-Kirche“ bis zum „Piepshow Home-Vogelhaus“, dem Hundehütten-Vogelhäuschen oder dem Designer-Vogelhaus aus Edelstahl und Lederdach. Dem Einfallsreichtum, die äußere Form des Nistkastens betreffend, sind offenbar keine Grenzen gesetzt. Damit werden solche Nistkastentypen oft zu ausgefallenen Geschenken oder zu Hinguckern im Garten, ohne artgerecht und dem eigentlichen Anliegen förderlich zu sein. Möchte man dennoch nicht auf den „hippen“ Designer-Nistkasten verzichten, so sollte auf jeden Fall darauf geachtet werden, dass die Nistkästen in der Bauweise (Material, Innenraum) den spezifischen Ansprüchen der Arten entsprechen. Nistkasten-Design und Funktionalität muss sich nicht unbedingt ausschließen. Jedoch sollte ein vordergründig nach optischen Merkmalen konstruierter Baukasten, der nicht den Artansprüchen der Höhlenbrüter entspricht, erst gar nicht aufgehängt werden.

Designernistkästen: bunt, aber nicht immer artgerecht

Arbeit für Heimwerker: Werkzeug, Material und Technik

Eine Einführung in den Bau von Nistkästen

Nicht wenige Naturliebhaber hatten ihren ersten prägenden Kontakt mit der heimischen Vogelwelt als Kinder im eigenen Garten oder Wohnumfeld. Oft geschah dies durch das Aufhängen eines selbst gebastelten Nistkastens, der unter Anleitung des Großvaters Stück für Stück zusammengebaut wurde.

Die ersten selbst gebauten Nistkästen für Meisen und Stare waren meist ganz einfache Modelle. Sie bestanden aus hohlen Stammabschnitten von alten Obstbäumen oder kernfaulen Fichten, die mit einem Stecheisen auf Endmaß ausgehöhlt wurden. Das Einflugsloch wurde gebohrt, ein Deckel unten und ein Dachbrett oben angebracht, und der Nistkasten war fertig. Jetzt musste er nur noch an der richtigen Stelle im Garten aufgehängt werden. Stellte sich der Erfolg ein und der Kasten wurde angenommen, war die Freude groß und der nächste Kasten schon in Planung.

Auch heute erfordert der Bau von Nisthilfen kein allzu großes handwerkliches Geschick. Es reicht schon, wenn man gut mit Hammer und Säge umgehen kann und gerne mit Holz arbeitet. Im Nachfolgenden haben wir detaillierte Bauanleitungen für die unterschiedlichsten Nisthilfen ausgearbeitet. Bei fachgerechter Anleitung finden auch Kinder Spaß am Zimmern der Kästen und sind keinesfalls damit überfordert. Die

In jeder Werkstatt zu finden: Akkubohrer, Nägel und Hammer.

meisten Vögel nehmen den „Sozialen Wohnungsbau" gerne an – vorausgesetzt, sie sind richtig gebaut und am richtigen Ort angebracht. Dieses Buch führt Schritt für Schritt zum Ziel, so dass man kaum etwas falsch machen kann.
Damit steht dem Erlebnis, zu beobachten, wie sich ein Vogelpärchen zusammenfindet, brütet und die vielen Jungen eifrig füttert und großzieht, nichts mehr im Wege.

Welches Werkzeug brauchen Sie?

Fast jeder Haushalt hat die notwendige Grundausstattung von Werkzeugen, die für den Bau von Nisthilfen oder Futterhäusern geeignet ist: Bohrmaschine, Hammer, Zange, Säge, Raspel, Schraubendreher, ein Metermaß, einen Winkel; das reicht schon aus. Für die Holzarbeiten ist eine stabile Unterlage, an der man die zu bearbeitenden Bretter fest einspannen kann, von Vorteil. Es gibt preiswerte kleine tragbare Werkbänke, die auch große Holzteile festhalten. Sie lassen sich zusammenklappen und somit leicht wegräumen. Doch auch ein alter, stabiler Tisch wird zur Werkbank, wenn man einen kleinen Schraubstock daran befestigt. Als Ersatz für einen Schraubstock bieten sich auch ein Paar Schraubzwingen an. Diese leisten ebenfalls gute Dienste, wenn Sie Bretter sägen oder zusammenschrauben. Für das Aussägen der Fluglöcher empfiehlt sich eine Lochsäge (Vorsatzgerät für die Bohrmaschine). Einfacher als mit einer Handsäge lassen sich die Bretter natürlich mit einer elektrischen Säge (Handkreissäge, Stichsäge) zuschneiden. Für das Zusammenbauen der Nistkästen eignen sich am besten verzinkte Nägel oder nicht rostende Schrauben. Wenn möglich, sollten die Bretter zusammengeschraubt statt genagelt werden, da Geschraubtes stabiler ist und länger hält. Entscheidet man sich doch für das Zusammennageln, kann eine Nagelhilfe vor Verletzungen (blauer Daumen) schützen. Mit wasserfestem Holzleim sollten die Holzbauteile zusätzlich fugendicht verbunden werden. Als Regenschutz verwenden viele Bastler Teerpappe. Sie schadet den Tieren nicht, gilt aber wegen ihrer Rohstoffe als problematisch und verbessert zudem die Haltbarkeit der Kästen nur, wenn sie sorgfältig verarbeitet wird. Eine Alternative zur Teerpappe ist es, den Nistkasten mit einer umweltfreundlichen Farbe in einem Braun- oder Grünton zu streichen. Entschließt man sich dennoch zur Abdeckung der Nisthilfe für Teerpappe, so werden Dachpappen-Nägel (Plattköpfe) benötigt.
Zum Nageln eignen sich am besten Schreiner- oder Klauenhämmer (Kopfgewicht 300 bis 600 g). Mit dem Klauenhammer lassen sich krumm geschlagene Nägel auch wieder aus dem Holz ziehen. Für das Einschlagen dünner Stifte oder z. B. auch Dachpappen-

Sicherheitshinweise für elektrische Sägen

Kinder nie unbeaufsichtigt lassen. Sägeblätter in angegebener Laufrichtung einsetzen. Vorher Netzstecker ziehen. Das Kabel immer so weit wie möglich vom Sägeblatt fernhalten. Die Säge erst vom Werkstück abheben, wenn sie zum Stillstand gekommen ist. Den Kabelstecker der Säge immer auch bei kurzen Arbeitsunterbrechungen aus der Steckdose ziehen. Kinder von Elektrosägen fernhalten oder beaufsichtigen. Immer eine Schutzbrille tragen: Aufwirbelnde Späne und Sägemehl können die Augen verletzen. Vor dem Sägen prüfen, ob unter dem Werkstück genug Raum für das Sägeblatt ist. Keine stumpfen oder verzogenen Sägeblätter benutzen. Wenn die Ummantelung des Kabels beschädigt ist, das Kabel ersetzen.

TIPP von Opa Kurt

Falls Sie keine Möglichkeiten haben, Bretter für Nistkästen selbst zurecht zu schneiden, können Sie auch Bausätze kaufen. Zum Beispiel bei den Holzwerkstätten – Lebensgemeinschaft behinderter Menschen: www.lebensgemeinschaft.de/holzwerkstatt.html

Nägel ist ein kleiner Hammer (Kopfgewicht 100 bis 200 g) mit schmaler Finne (Spitze) von Vorteil. Manche Nägel lassen sich mit dem Klauenhammer nicht herausziehen. Dann ist die Beiß- oder Kneifzange das richtige Werkzeug.

Zum Aufhängen des Nistkastens benötigen Sie noch Metallösen und einen 3 bis 4 mm starken Zinkdraht. Falls Sie die Nisthilfe mit einem Nagel am Baum befestigen, achten Sie darauf, „Alu-Nägel" zu verwenden – das beschädigt bei einer späteren Holznutzung die Sägeblätter nicht.

Auf den Werkstoff kommt es an!

Der „Naturstoff" Holz ist nach wie vor der ideale Baustoff für Nistkästen. Solche Kästen kommen auch den verloren gegangenen natürlichen Nisthöhlen am nächsten.

Ein Hobeln der Bretter ist in der Regel nicht erforderlich. Bei kleineren Höhlenbrütern, deren Junge tief unten im Kasten schlüpfen, wäre es sogar kontraproduktiv, denn die Jungvögel brauchen die raue Innenseite, um an das Flugloch klettern und den Nistkasten verlassen zu können.

Die Wärmedämmung des Werkstoffes muss der eines 2 cm starken Fichtenbrettes (sägerau bzw. ungehobelt) entsprechen. Sperrholz oder Spanpressplatten sind nicht witterungsbeständig und daher ungeeignet für den Bau von Nisthilfen. Imprägniertes Holz und andere eignungsfähige Werkstoffe sollten möglichst keine oder wenige geruchsaktive Substanzen abgeben. Besser ist es, auf Holzschutzmittel ganz zu verzichten, um die Gesundheit der Tiere nicht zu gefährden. Um den Nistkasten vor Feuchtigkeit und Pilzbefall zu schützen, können die Außenwände mit Leinöl oder umweltfreundlichen Farben bzw. Lacken gestrichen werden. Für eine zugluftfreie Belüftung des Nistkastens ist zu sorgen. Das Bohren von ein paar 8 bis 10 mm großen Löchern im Nistkastenboden hat sich dabei bewährt.

Beschaffen von Baumaterialien

Sägeraues Nadelholz bekommen Sie beim örtlichen Zimmermann, Schreiner oder im Baumarkt in Form von Schalbrettern. Den Zuschnitt können Sie mit den oben beschriebenen Werkzeugen selbst vornehmen. Die passgenauen Bretter werden aufeinander gefügt und dann vernagelt oder verschraubt. Hervorragend eignen sich zum Bau von Nistgeräten auch hohle Baumstämme. In ländlichen Gegenden ist die Beschaffung solcher hohlen Fichten-Stammabschnitte über die Revierförsterei sicherlich kein Problem. Der kernfaule Stamm muss nur noch auf Maß geschnitten, auf Endgröße ausgehöhlt und mit einem passenden Einflugloch versehen werden.

Vogelart	Wandstärke	Fluglochdurchmesser	Fluglochwand	Rückwand	Seitenwände	Boden	Dach
Kleinmeisen z.B. Blau-, Hauben, Tannen- und Sumpfmeise	2	2,6–2,8	12 × 23	16 × 28,5	14 × 25 × 28	12 × 13	19 × 25
Kohlmeise, Kleiber, Feldsperling, Trauerschnäpper	2	3,2–3,4	12 × 23	16 × 28,5	14 × 25 × 28	12 × 13	19 × 25
Wendehals, Star, Wiedehopf	2	4,6–5	14 × 26	18 × 31	15 × 27,5 × 31	14 × 14	21 × 25
Gartenrotschwanz	2	4,5 × 3	12 × 23	16 × 28,5	14 × 25 × 28	12 × 13	19 × 25
Holtaube, Raufußkauz, Dohle	2,5	8–9	25 × 34	3 × 38	26 × 36 × 38	25 × 25	34 × 36
Waldkauz	2,5	12–13	25–40	3 × 44	28 × 42 × 44	25 × 26,8	34 × 38

Der Höhlenbrüterkasten (Meisenkasten) und seine Variationen für andere höhlenbrütende Vogelarten (Maße in cm)

Für jeden Vogel die passende „Wohnung“: Wer braucht was?

Jeder Nistkasten sollte gewisse artspezifische Mindestmaße erfüllen, damit die Aufzucht der Brut gut gelingt und sich die Jungvögel im Innenraum nicht drücken oder gar quetschen müssen. Der richtige Vogelnistkasten muss geräumig sein. Ein Mindestvolumen von 1600 cm^3 unterhalb der Flugloch-Unterkante wird für höhlenbrütende Kleinvogelarten empfohlen. Das Volumen ist leicht mit einer Sandfüllung und einem Messbecher zu ermitteln oder über die Kantenlängen der Bretter zu berechnen.

Für die Fluglöcher gelten die in der Tabelle angegebenen Werte. Eine wichtige Erkenntnis ist auch, dass die Vögel bevorzugt ihr Nest in den hinteren, tieferen Teil des Nistkastens bauen. So müssen die Altvögel beim Füttern nicht direkt auf ihren Jungen sitzen, und es wird ein Durchnässen und Auskühlen der Jungvögel bei Schlechtwetterperioden verhindert. Außerdem verbleiben die Jungvögel in geräumigen Kästen bis zur vollen Entwicklung der Flugfähigkeit und haben somit bessere Chancen, natürlichen Feinden nicht zum Opfer zu fallen.

Schutz vor „Räubern“

Ein Marderschutz kann durch die Bauweise (z. B. Horizontalnistkästen, Kästen mit Vorbau oder Tunnel) oder besondere Vorrichtungen erzielt werden. Es ist jedoch darauf zu achten, dass das vorgebaute Flugloch keine scharfen bzw. überstehenden Kanten hat, da sich das Gefieder in Anbetracht der hohen Fütterungsfrequenzen schnell abnutzen würde.

Problemfall Waschbär

Mit der starken Ausbreitung und Bestandszunahme mehren sich in den letzten Jahren die Hinweise, dass der „Neubürger“ Waschbär vermehrt Nistkästen aufsucht und Gelege und Jungvögel frisst. Aufgrund seiner „Fingerfertigkeit“ und seines außerordentlichen Klettervermögens scheinen traditionelle Schutzmaßnahmen nur sehr begrenzt zu wirken.

Der Wettenberger Nistkasten schützt vor Nesträubern.

In der Mittelhessischen Gemeinde Wettenberg (Kreis Gießen) hat man sich in den vergangenen Jahren immer wieder intensiv mit diesem Problem auseinandergesetzt und in mehreren Bauschritten einen Kastentyp entwickelt, der den Singvogelbruten einen größtmöglichen Schutz gewährt. Der „Wettenberger Nistkasten“ (Bauanleitung S. 24) hat einen weit nach hinten verlegten Brutraum und ein diagonal angeordnetes Flugloch. Außerdem gibt es eine integrierte „Futterplatzrampe“, von der die Altvögel ihre Jungen füttern können, ohne auf sie herabsteigen zu müssen. Dies ist insbesondere bei nasskalter Witterung von Vorteil. Ein gegenüber dem Einflugloch auf der Innenseite der „Futterplatzrampe“ zusätzlich angebrachtes Marderschutzbrett ist eine wirkungsvolle Barriere für von außen hineingreifende Tiere. In den Jahren 2009 und 2010 wurden von der örtlichen NABU-Gruppe 60 „Wettenberger Nistkästen“ in Problemgebieten aufgehängt. Die jährlichen Kontrollen ergaben eine hochprozentige Sicherheit – auch gegenüber dem Waschbär!

Katzen und Vogelschutz

Jungvögel werden zudem häufig Opfer von Katzen. Es kann vorkommen, dass ganze Nester entdeckt und ausgeräumt werden. Zwar liegt der Anteil der Vögel an Beutetieren von Katzen „nur“ bei ca. 20 %, kann aber in Siedlungen, wo Mäuse fehlen, stark ansteigen. Von Katzen gefangene Vögel werden nicht immer getötet

Katzen lassen das Jagen nicht...

oder gefressen, können aber später trotzdem an Infektionen der Bisswunde zu Grunde gehen. Katzen sind um ein Vielfaches häufiger – allein in Deutschland gibt es etwa 7,5 Mio. Hauskatzen – als alle anderen Beutegreifer zusammen. Sofern die Tiere nicht ausschließlich in Wohnungen gehalten werden, gehen sie außerhalb des Hauses auch auf Jagd. Katzen vermeiden wie alle Beutegreifer einen hohen Jagdaufwand, d.h. sie jagen vor allem Tierarten, die häufig sind und relativ gut gefangen werden können. Sie erbeuten daher vor allem Mäuse. Unter den Vögeln trifft es vorwiegend häufige Arten wie Amsel, Rotkehlchen, Meisen, Finken und Sperlinge. Nur selten werden gefährdete Vogelarten erbeutet.

Was tun?

Mit geeigneten Maßnahmen können die Verluste an Wildtieren und Vögeln durch Katzen vermindert werden. Erschweren Sie den Katzen den Zugang zu Nistplätzen von Vögeln: Eine Manschette aus Blech oder Plastik um den Stamm einzeln stehender Bäume verhindert, dass die Katze zu den Vogelnestern vordringen kann. Im Handel sind außerdem Streupulver erhältlich, die Katzen abweisen sollten. Bringen Sie Nisthilfen so an, dass Katzen keinen Zugang haben: Nistkasten mit Draht an Seitenäste oder an Fassaden aufhängen, so dass sie mehr als 1,8 m hoch hängen. Verwenden Sie Nistkästen mit steilen und glatten Dächern, auf denen eine Katze keinen Halt findet. Vermeiden Sie aber Abwehrmittel wie Stacheldraht oder ähnliches, an denen sich Katzen und andere Tiere verletzen könnten. Katzenhalter sollen zusätzlich folgende Punkte beachten: Lassen Sie Ihre Katzen kastrieren. Vor allem die Männchen streunen dann weniger herum. Lassen Sie Ihre Katze während Ihrer Ferien von Nachbarn oder Bekannten betreuen oder geben Sie ihren „Haustiger" in ein Tierheim zur Pflege. Hängen Sie Ihrer Katze ein Halsband mit einem Glöckchen um. Nach kurzer Zeit wird sie sich daran gewöhnen. Vögel werden schneller auf die Gefahr aufmerksam. Falls Sie frisch ausgeflogene Jungvögel oder stark warnende Altvögel beobachten, lassen Sie Ihre Katze nach Möglichkeit für ein paar Tage in der Wohnung.

Ein einfacher Höhlenbrüterkasten (Meisenkasten) findet unterschiedliche Mieter

Die meisten Nistkästen ähneln sich vom Grundmuster. Gleiche Nistkastentypen werden von verschiedenen höhlenbrütenden Arten angenommen (siehe Arten im Porträt). Entscheidend dafür, welche Vögel er anlockt, ist zum einen der Durchmesser des Flugloches und zum anderen der Aufhängungsort. Nisthilfen mit einem Fluglochdurchmesser von 2,6 bis 2,8 cm werden kaum von der Kohlmeise angenommen, sondern von der körperlich kleineren Blaumeise. Tannenmeise und Haubenmeise können diesen Kasten ebenfalls zum Brüten nutzen, vorausgesetzt, der Lebensraum passt. Beide Arten kommen nur da vor, wo ausreichend Nadelgehölze (Fichten, Tannen) vorhanden sind. Bei einem Fluglochdurchmesser von 3,2 bis 3,4 cm dagegen können auch größere Vögel wie Kohlmeise, Feldsperling, Gartenrotschwanz, Kleiber und Trauerschnäpper brüten.

Schritt für Schritt – vom Plan zum Kasten

Der Klassiker – „Meisenkasten“

Einzelteile und Maße (in cm)

Bauteile	Maße	Menge
Dach	19 × 25	1
Boden	12 × 13	1
Rückwand	16 × 28,5	1
Fluglochwand	12 × 26	1
Seitenwand	14 × 25 × 28	2
Brettstärke	2	
Fluglochdurchmesser	3,2–3,4	

2a

2b

2c

Bauanleitung

1. Zuerst zeichnen Sie die Einzelteile mit dem Bleistift auf die Bretter, und zwar so, dass möglichst wenig Material benötigt wird. Mit Hilfe eines Anschlagwinkels können Sie die Schnittlinie exakt quer (90°) über die Fläche ziehen. Das genaue Maß ist wichtig, da die einzelnen Bauteile exakt passen müssen. Mit einer Stichsäge oder einer feinzahnigen Kreissäge wird der Sägeschnitt etwa 0,2 cm breit. Dies müssen Sie bedenken, um auf das vorgegebene Endmaß der einzelnen Bretter zu kommen. Am besten ziehen Sie entsprechend dicke Striche und sägen diese dann ganz weg. Werkzeuge: Winkel, Lineal, Zollstock und Bleistift.

2. Sägen Sie die in der Materialliste angegebenen Teile aus 2 cm starken Nadelholzbrettern (Fichte, Tanne) zu. Spannen Sie dabei das Werkstück (Brett mit Maßangaben) auf einer Werkbank ein oder befestigen es mit Schraubzwingen an einem Tisch. Sägen Sie die Bauteile mit einer Stich- oder Kreissäge entsprechend der vorher angebrachten Markierungen aus. Selbstverständlich können Sie die Bretteile auch mit einer Handsäge (Fuchsschwanz) aussägen. Man

hält die Säge so, dass der gestreckte Zeigefinger seitlich am Griff liegt, setzt sie an und führt sie zunächst rückwärts. Der Daumennagel der freien Hand dient als Führung. Man sägt etwas seitlich der Linie auf dem Teil, der wegfällt. Beim Sägen die Markierungen im Auge behalten, die Länge des Sägeblattes nutzen und nur bei der Vorwärtsbewegung drücken. Zum Schluss vorsichtig sägen, damit das Holz nicht splittert.

3. Die rauen Kanten, Sägekanten und scharfen Außenkanten müssen nun mit Schleifpapier (Schmirgelpapier) geglättet bzw. gebrochen werden. An splittrigem Holz kann man sich leicht verletzen.

4. Das Bodenbrett erhält 2 Löcher von 0,5 cm Durchmesser, durch die Feuchtigkeit im Innenraum des Nistkastens abfließen kann. Legen Sie einen Brettrest unter, damit Sie nicht in die Tischplatte bohren und die Löcher an ihrer Unterseite nicht ausreißen.

5. Das Flugloch wird mit einer Lochsäge oder einem Zentrumbohrer gefertigt. Besonders große Löcher lassen sich mit Lochsägen ausnehmen. Diese ringförmigen Sägeblätter werden meist satzweise in Durchmessern von 2,5 bis 7,5 cm verkauft. Die maximale Tiefe der so gebohrten Löcher beträgt etwa 1,6 cm. Deshalb müssen Sie das Flugloch für den Meisenkasten von beiden Seiten bohren. Das Flugloch in der Vorderwand wird in einem Abstand von 4 cm zur Oberkante gebohrt.

Sicherheitshinweis

Sicherheit zuerst! Sägeblätter von Lochsägen erst einige Minuten nach dem Gebrauch anfassen – sie können sehr heiß werden. Die Bohrmaschine erst ablegen, wenn sie zum Stillstand gekommen ist. Eine rotierende Lochsäge wirkt wie ein Rad und zieht die Bohrmaschine hinter sich her.

6. Die Nistkästen werden mit einer Öffnungsmöglichkeit (Klappmechanismus) versehen, so dass eine einfache Reinigung der Kästen nach der Brutzeit mühelos möglich ist. Deshalb wird die obere Außenkante der Vorderwand oberhalb des Flugloches mit einer Raspel oder Schleifpapier abgerundet. Damit verhindert man, dass beim Öffnen die Vorderwand gegen das Dach stößt.

7. Jetzt kann der Zusammenbau erfolgen. Es ist ratsam, dass Sie die Stellen markieren, an denen Sie die Nägel einschlagen möchten. Damit die Nagelspitzen das Holz nicht spalten, sollten Sie die Spitzen vorher mit dem Hammer etwas stauchen. Seitenwände und Boden werden zuerst miteinander vernagelt. Besser ist es, die Holzteile miteinander zu verschrauben. Es sollte allerdings vorgebohrt werden, da ansonsten das Holz beim Reindrehen der Schrauben im Randbereich leicht reißt. Das Bodenbrett wird zwischen den Seitenbrettern befestigt, damit Regenwasser ablaufen kann.

7a

7b

8. Die Rückwand kann nun an mehreren Stellen fest vernagelt oder verschraubt werden. Die bewegliche Vorderwand wird danach eingesetzt und mit Schraubzwingen fixiert, so dass etwas oberhalb des Flugloches auf beiden Seiten in gleicher Höhe jeweils ein Nagel eingetrieben werden kann. Nach Abnehmen der Zwingen kann die Vorderwand auf- und zugeklappt werden. Ein Sturmhaken, rechts oder links unten an die Vorderwand geschraubt, fixiert diese im geschlossenen Zustand. Die Öse für den Haken kommt in die Vorderkante der Seitenwand.

7c

8a

9. Als Letztes wird das Dach aufgesetzt und befestigt. Auf einen gleichmäßigen Überstand seitlich und nach vorne ist zu achten. Hinten schließt das Dachbrett bündig ab. So kann an der Rückwand des Kastens noch eine Aufhängeleiste von 4 cm Breite und etwa 40 cm Länge befestigt werden.

7d

9a

TIPP von Opa Kurt

Gezielte Förderung von Gartenrotschwanz und Wendehals

Gartenrotschwanz (o.) und Wendehals (u.) sind Zugvögel (Langstreckenzieher), die im fernen Afrika überwintern und aufgrund ihres langen Heimzuges erst relativ spät bei uns in ihren Brutgebieten ankommen. Nicht selten sind bei deren Ankunft die „besten" Nistkästen schon besetzt und die Suche nach einem geeigneten Brutplatz verzögert sich oder verhindert gar die Brut. Hier ist es ratsam,

die Nistkästen erst mit der Ankunftszeit von Gartenrotschwanz und Wendehals, etwa Mitte April, auszubringen. Kästen, die für den Wendehals vorgesehen sind, werden nicht selten von Staren besiedelt, die etwa die gleiche Körpergröße haben. Der Gartenrotschwanz hat zudem eine Vorliebe für etwas mehr Licht in der Bruthöhle und bevorzugt deshalb „hochovale" Fluglöcher. In einigen Projektgebieten konnte man dem Gartenrotschwanz mit diesen relativ einfachen Maßnahmen wirkungsvoll helfen und den Brutbestand beachtlich aufbauen.

Meisen-Kasten

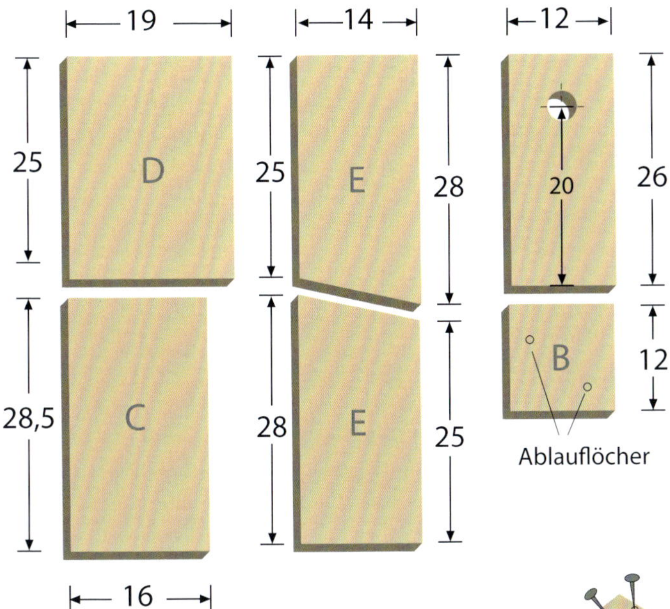

Hinweis:
In diesen Kasten ziehen je nach Fluglochgröße ein: Meise, Star, Sperling, Trauerschnäpper, Halsbandschnäpper, Kleiber, Wendehals, Baumläufer, Waldkauz.

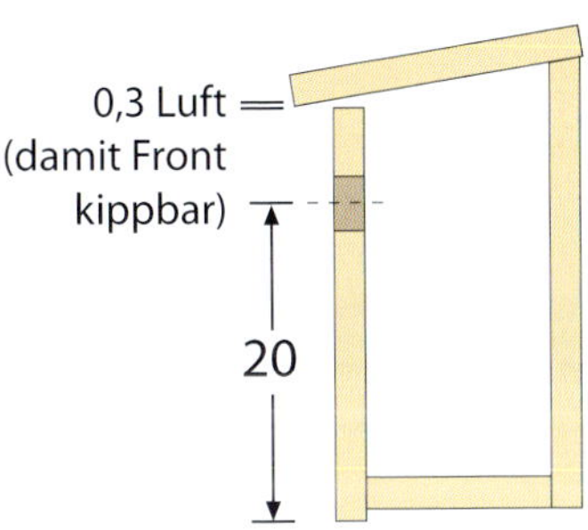

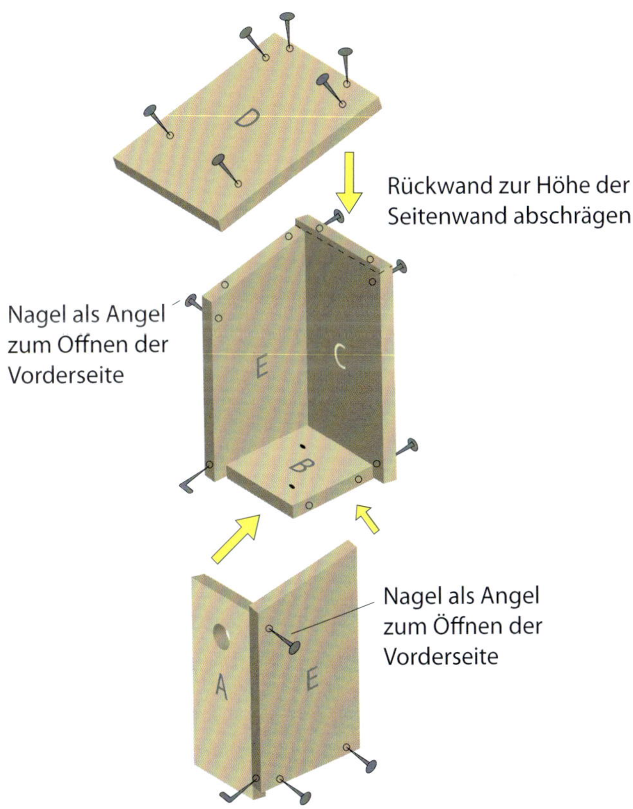

Der Dohlen-Kasten

Die Dohle war Vogel des Jahres 2012. Ihr gebührte deshalb die besondere Aufmerksamkeit der vielen ehrenamtlichen Naturschützer vom Naturschutzbund Deutschland (NABU) und des Landesbundes für Vogelschutz (LBV).

Die Dohle nutzt seit vielen Generationen unsere Städte und Dörfer als bevorzugten Lebensraum. Die schlauen und anpassungsfähigen Vögel brüten bevorzugt in Schornsteinen und Mauerlöchern von hohen Gebäuden, sehr gerne in Burgen und Schlössern. Aufgrund ihrer Vorliebe für Kirchtürme nannte man sie früher auch „des Pastors schwarze Taube". Zwar haben sich die Vögel an das Leben in der Stadt angepasst, doch machen ihnen Sanierungen, Gebäudeabrisse und vergitterte Brutnischen in jüngster Zeit besonders zu schaffen. Auch ihr Nahrungsangebot wird zunehmend dürftig, so dass die Dohle heute in vielen Teilen Deutschlands als gefährdet gilt.

Die Dohle brütet gerne in Höhlen aller Art (auch in Baumhöhlen alter, uriger Bäume im Hochwald oder in Parkanlagen). Mit speziellen Nistkästen können Sie die Wohnungsnot der Dohle im Siedlungsbereich, in Parks und Wäldern mindern. Gebäude-Nisthilfen lassen sich mit Nistkästen an der Außenfassade oder durch Einbau integrierter Brutnischen realisieren. Dabei hat letztere Version deutliche Vorteile wie größere Bruträume und geringere Witterungsanfälligkeit.

Vom Prinzip entspricht der Dohlenkasten dem klassischen Meisenkasten, er ist allerdings in der Dimension wesentlich größer. Dieser Kastentyp ist in den entsprechenden Lebensräumen auch für Waldkauz und Hohltaube geeignet! Die äußere Form richtet sich danach, ob Sie den Kasten im Wald oder am Gebäude aufhängen möchten. In alten Gemäuern von Türmen kann eine konstruktive Anpassung des Kastens an die Mauerhohlräume sinnvoll und notwendig sein. Von den Mindestmaßen unterscheiden sich die beiden Dohlenkästen nicht wesentlich, deshalb wird beispielhaft nur der Typ für Gebäudebrüter beschrieben.

Einzelteile und Maße (in cm):

Bauteile	Maße	Menge
Dach	64 × 40	1
Seitenwand	60 × 33 × 35	2
Vorderwand mit Flugloch	30 × 33 (Durchmesser: 8)	1
Boden	30 × 54	1
Rückwand	35 × 30	1

Bauanleitung

Seitenwände an das Bodenbrett nageln, jeweils 2 cm Überstand vorn und hinten für je eine einzusetzende Vorder- und Rückwand. Die Rückwand wird durch die Seitenwände festgenagelt, die Vorderwand mit zwei Nägeln zum Ausklappen eingehängt. Bei der Größe des Kastens kann das Dach alternativ mit einem Scharnier an der Rückwand aufklappbar befestigt werden. In diesem Fall wird die Vorderwand bündig zwischen die Seitenwände genagelt (ohne Überstand), die Querleiste entfällt. Das Dach sollte durch einen Sturmhaken gesichert werden.

TIP von Opa

Bevor Sie diese Nisthilfe bauen, sollten Sie auf jeden Fall mit Vogelschützern in Ihrer Nähe sprechen. Diese wissen, ob und wo das Anbringen eines Dohlenkastens sinnvoll ist. Außerdem gibt es in Deutschland tolle Dohlen-Projekte, denen man sich anschließen oder über die man sehr viel Wissenswertes erfahren kann. Zwei ganz vorbildliche Projekte, die insbesondere vom NABU betreut werden, sind hier zu nennen: „Lebensraum Kirchturm" und „Traumhaus Trafostation". Nähere Infos finden Sie unter: www.lebensraum-kirchturm.de und www.gebaeudebrüter.de.

links: Nistkastentyp für baumhöhlenbrütende Dohlen im Wald

Dohlen-Kasten

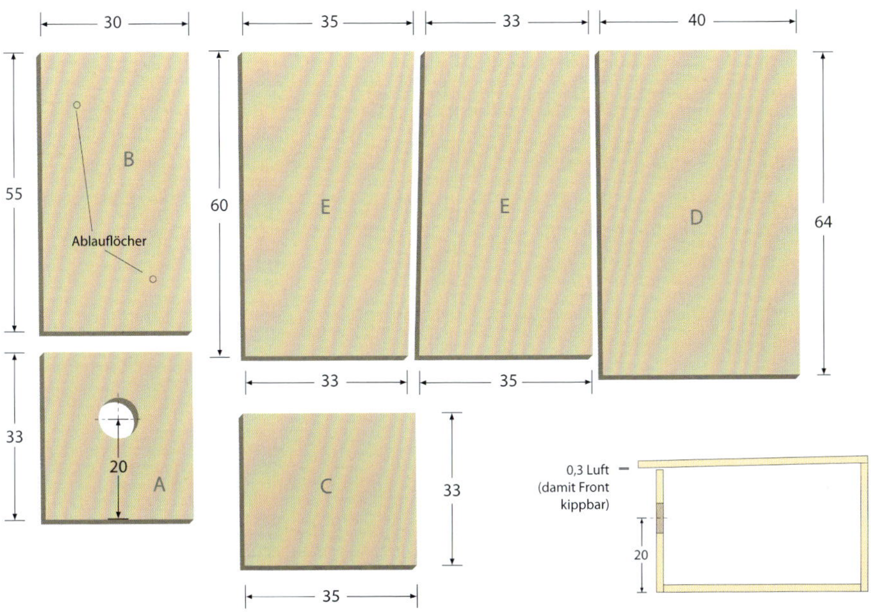

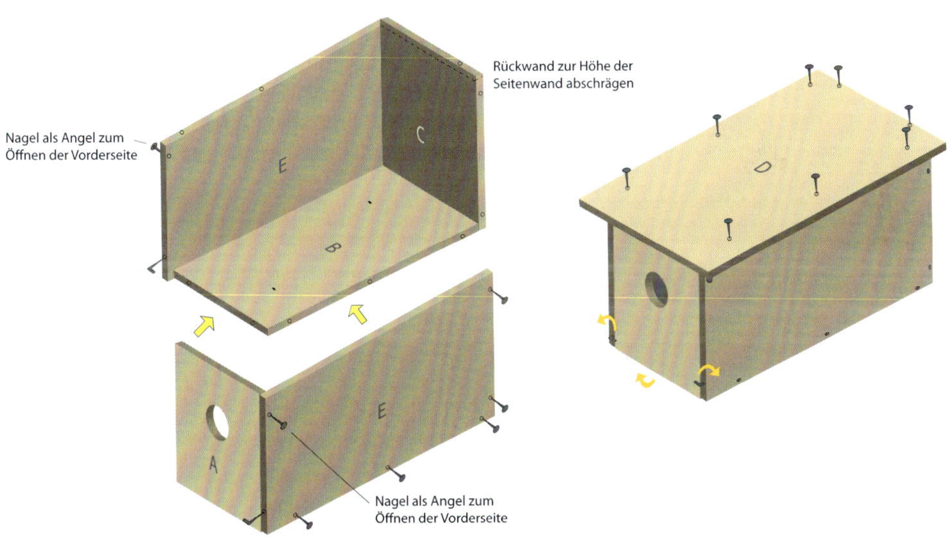

TIPP von Opa Kurt

Mit einer Verengung der Einflugmöglichkeit auf etwa Faustgröße können Tauben am Einfliegen gehindert werden. Außerdem schützt dies die Dohlen vor Zugluft und übermäßigem Lichteinfall. Die Ausrichtung des Einflugloches ist für die Dohle nicht von Bedeutung, allerdings sollte kein direktes Scheinwerferlicht auf den Kasten fallen.

Wettenberger Nistkasten

Der Name des Nistkastens geht auf die Gemeinde Wettenberg im Landkreis Gießen (Mittelhessen) zurück. Findige NABU-Leute haben diesen Höhlenbrüterkasten entwickelt, um vor allem den brütenden Kleinvögeln einen besseren Schutz vor Nesträubern zu ermöglichen. Waschbären hatten immer wieder ganz gezielt Nistkästen aufgesucht und die Gelege bzw. Bruten vernichtet. Diese „pfiffige" Entwicklung scheint dieses Problem gut zu lösen.

Der Kastentyp bietet je nach Variation des Flugloches allen klassischen Höhlenbrütern, vor allem Meisen, einen sicheren Brutplatz. Die Konstruktion ist allerdings etwas komplizierter als beim gewöhnlichen Meisenkasten.

Einzelteile und Maße (in cm):

Bauteile	Maße	Menge
Dach	27 × 20	1
Boden	12 × 18	1
Rückwand	22 × 17	1
Vorderwand	14 × 22	1
Seitenwand E	12 × 14/16,6	1
Seitenwand F	12 × 9,5/16,6	1
Vierkantholz	12 × 6 × 6	1
Innenwand G	7 × 12 / 13,5 × 0,8	1

Bauanleitung

Die Materialvorgaben entsprechen denen im Kapitel „Auf den Werkstoff kommt es an" (siehe Seite 14). Gut getrocknetes Nadelholz der Mindeststärke von 2 cm findet Verwendung. Die Zuschnitte erfolgen gemäß der Bauanleitung.

Das Bodenbrett (B) muss zum Schutz vor eindringendem Regenwasser immer zwischen den Seitenteilen eingebaut werden. Der Holzklotz (H) wird mit der Fluglochwand (F) verbunden; entweder vernagelt oder verschraubt (Länge der Nägel oder Holzschrauben 4 cm). An der „Gegenseite" wird am Holzklotz, mit etwas kürzeren Nägeln, die Sperrholzhalterung (G) befestigt. Es ist darauf zu achten, dass die Zuschnitte des Holzklotzes nicht zu exakt sind, so dass die Fluglochwand leicht herausnehmbar ist. Ein in der rechten (Brett A) und linken oberen Ecke (Brett C) um Holzstärke (Kantholz H) nach innen versetzter, halb eingeschlagener Nagel dient als Anschlag.

Die Nägel sollten vor dem Zusammenfügen in die Vor- und Rückwand eingeschlagen werden, da ansonsten der Platz zum Hämmern fehlt! Gleiches gilt, wenn man Schrauben nutzt!

Das Sperrholzbrett (G) und die beiden versetzt (verwinkelt) angeordneten Flugöffnungen bieten den gewünschten Waschbär- oder Marderschutz. Die hungrigen Räuber können somit nicht in den Brutraum eingreifen!

In das Sperrholzbrett werden einige 0,6-0,8 cm große Löcher gebohrt, damit etwas Licht in den Brutraum dringen kann. Es ist zumindest von Trauerschnäpper und Gartenrotschwanz bekannt, dass sie Nistkästen mit stärkerem Lichteinfall bevorzugen.

Der Zusammenbau erfolgt im Weiteren wie in der Bauanleitung beschrieben. Das Dach (D) steht etwas über, damit das Regenwasser besser abläuft.

Das Dachbrett sollte mit einer Dachpappe geschützt werden. Hierfür schneidet man sie rundum um Brettstärke größer aus. Dann wird sie über die Kanten umgebogen und mit Dachpappennägeln („Plattköpfen") befestigt.

Ein „tarnfarbener" Anstrich mit brauner oder grüner Naturfarbe schützt das Holz und macht den Kasten für das menschliche Auge unauffälliger und damit auch vor unbefugten Zugriffen sicherer!

Wettenberger Nistkasten

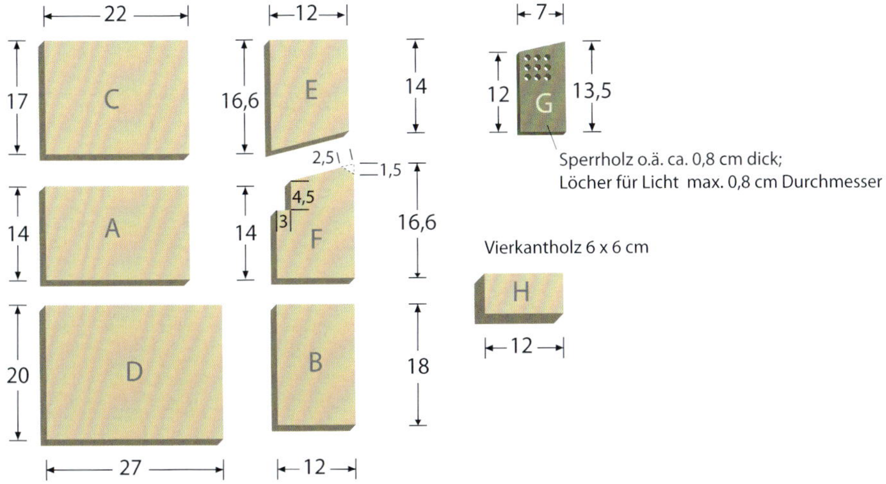

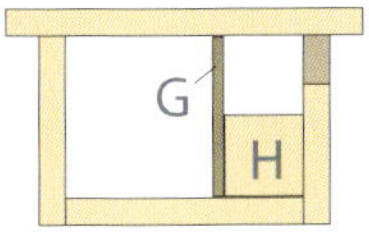

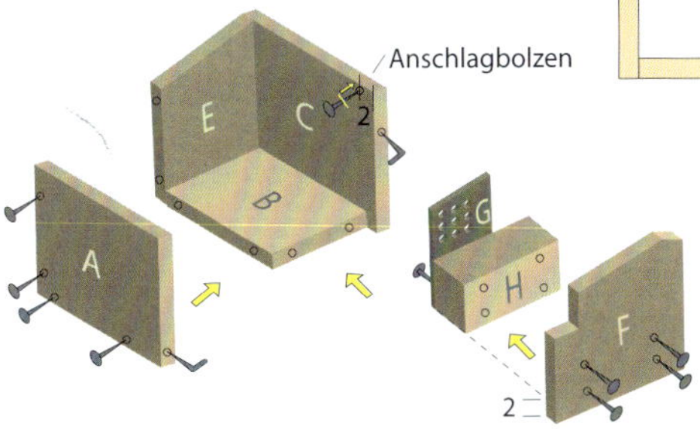

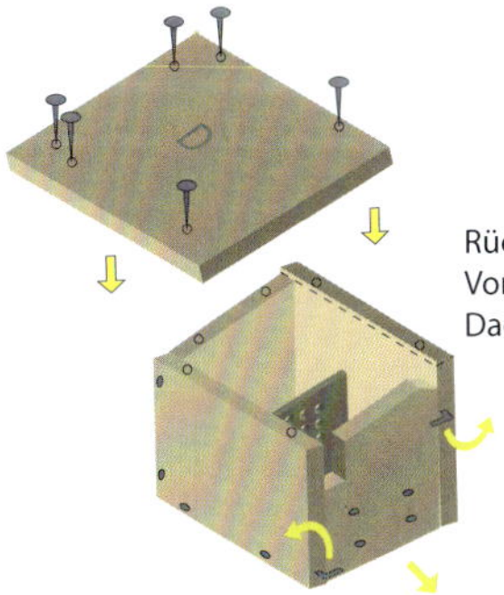

Rückwand C und Vorderwand A zum Dach 12° abschrägen

Der Naturschutzpraktiker Hans Drescher bei der Kontrolle des von ihm entwickelten Spezialnistkastens. Die besonderen Vorteile des „Wettenberger Nistkastens" liegen vor allem in einer verbesserten Sicherheit vor „Nesträubern", da der Brutraum weit nach hinten verlegt und das Flugloch diagonal angeordnet ist.

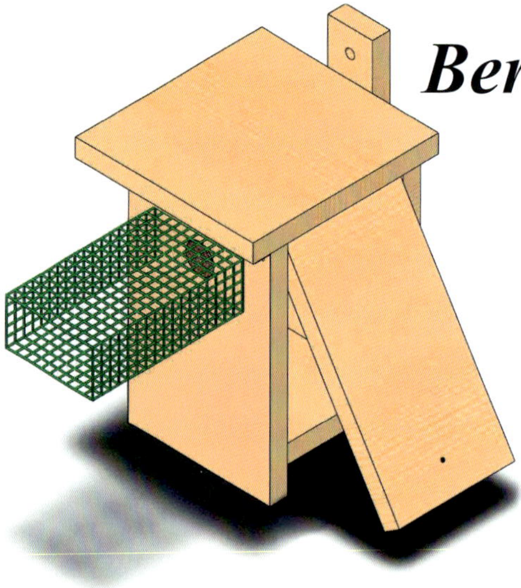

Beraubungssicherer Nistkasten

(mit Schutzkorb)

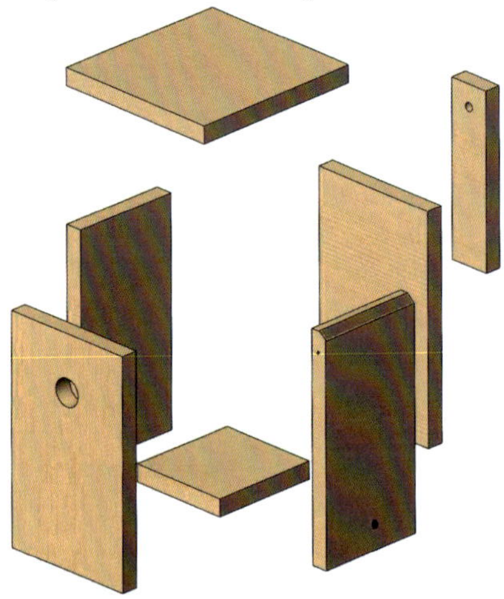

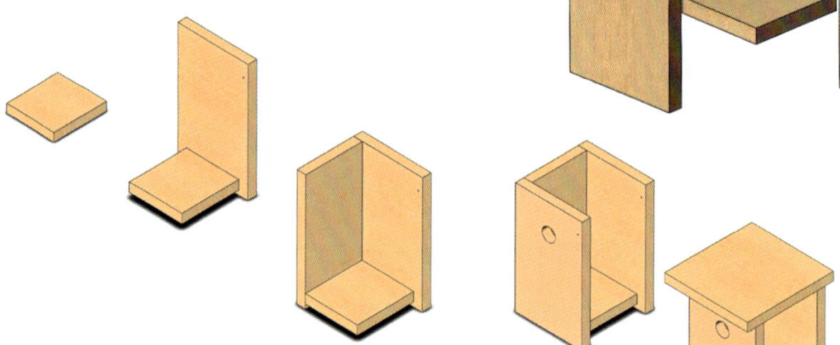

Durchmesser Flugloch:

Kohlmeisen etc. 32 mm

Blaumeisen etc. 27 mm

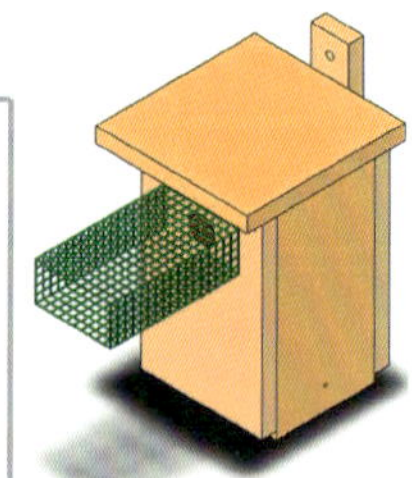

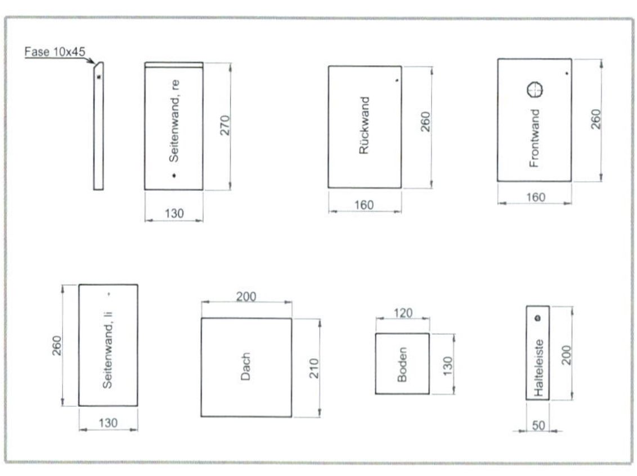

NABU
OG Villingen eV.

Januar 2018
Entwurf: N. Hessler gezeichnet: P. Schulze

Freuen Sie sich auf Ihre Begrüßungsgeschenke!

Bestimmungskarte „Garten- und Parkvögel im Vergleich“
für die Anforderung eines Probeheftes.

FALKE-Sonderheft „Wasservögel“
für Test-Abonnenten

... und falls Sie sich später für ein Abonnement entschließen, erwartet Sie sogar noch das Buch **„Faszinierende Vogelmomente – DER FALKE Bildband“**

AULA-Verlag GmbH
Industriepark 3
56291 Wiebelsheim

Tel.: 0049 6766 / 903-141
Fax: 0049 6766 / 903-320
E-Mail: vertrieb@aula-verlag.de

*Preisstand 2023 – Änderungen vorbehalten

Wir verarbeiten Ihre personenbezogenen Daten unter Beachtung der Bestimmungen der EU-Datenschutz Grundverordnung (DS-GVO), des Bundesdatenschutzgesetzes (BDSG) sowie aller weiteren maßgeblichen Gesetze. Grundlage für die Verarbeitung ist Art. 6 Abs. 1 DS-GVO. Unsere Datenschutzerklärung finden Sie unter www.aula-verlag.de/datenschutz.

Ja, ich bin an DER FALKE interessiert!

☐ **Bitte schicken Sie mir das nächste Heft kostenlos und unverbindlich zur Prüfung zu.** Als Dankeschön erhalte ich die Bestimmungskarte **„Garten- und Parkvögel im Vergleich“**.

☐ **Ich möchte DER FALKE intensiver kennenlernen und bestelle das drei Hefte umfassende Test-Abonnement** zum Preis von nur € 9,95* inkl. MwSt. und Versand. Als Dankeschön erhalte ich zusätzlich **gratis** die Bestimmungskarte **„Garten- und Parkvögel im Vergleich“** und das FALKE-Sonderheft **„Wasservögel“**.

Nur wenn ich innerhalb von 14 Tagen nach Erhalt des Probeheftes bzw. des letzten Testheftes nichts Anderslautendes von mir hören lasse (Postkarte, Fax, E-Mail gerichtet an AULA-Verlag GmbH), möchte ich DER FALKE im Abonnement zum Preis von € 59,90* (Schüler/innen, Studenten/innen, Auszubildende € 42,95*, Bescheinigung erforderlich) zzgl. Versand für 12 Monate beziehen. Als Begrüßungsgeschenk erhalte ich **kostenlos das Buch „Faszinierende Vogelmomente – DER FALKE Bildband“**.

Name ______________________

Straße/Nr. ______________________

PLZ, Ort ______________________

____
Datum Unterschrift

Garantie: Ich habe das Recht, diese Bestellung innerhalb von 14 Tagen (Poststempel) schriftlich beim AULA-Verlag GmbH zu widerrufen. Zeitschriften-Abonnements können jederzeit zum Ende der Abonnementlaufzeit, spätestens jedoch 1 Monat vorher (Datum des Poststempels), gekündigt werden. Die Kenntnisnahme bestätige ich mit meiner

2. Unterschrift: ______________________

Das Porto übernehmen wir für Sie.

Deutsche Post
ANTWORT

AULA-Verlag GmbH
Abonnentenservice „DER FALKE“
z. Hd. Frau Britta Fellenzer
Industriepark 3
56291 Wiebelsheim
DEUTSCHLAND

Der Falke Journal für Vogelbeobachter

FALKE-Leser erhalten Monat für Monat aktuelle und kompetente Informationen aus erster Hand. DER FALKE informiert Einsteiger wie auch fortgeschrittene Vogelbeobachter regelmäßig über alles, was interessant, spannend und wichtig ist. Zum Beispiel:

» Neues zur Biologie und Ökologie der Vögel
» Aktuelles zum nationalen und internationalen Vogelschutz
» Vorstellungen interessanter Beobachtungsgebiete
» Reise- und Freizeittipps
» Hilfe bei „kniffligen" Bestimmungsfragen
» Kurzberichte über bemerkenswerte Beobachtungen von Lesern
» Veranstaltungen, Rezensionen, Fotogalerie und Kleinanzeigen

DER FALKE ist Deutschlands meistgelesenes Monatsmagazin für Vogelbeobachter

FALKE-Leser wissen mehr!

DER FALKE erscheint monatlich und kostet im Abonnement € 59,90* (ermäßigt für Schüler/innen, Student/innen und Azubis € 42,95*) zzgl. Versandkosten.

Nutzen Sie noch heute unser umseitiges

Kennenlern-Angebot!

*Preisstand 2023 – Änderungen vorbehalten

Besuchen Sie uns auch unter:

www.falke-journal.de

Der Drahtkäfig vor dem Nistkasten-Eingang macht den Brutplatz raubsicher, ohne die Nutzer bei der Brutfürsorge zu behindern (hier: futterbringendes Trauerschnäpper-Männchen).

Der Nischen- oder Halbhöhlenbrüterkasten

Hausrotschwanz, Bachstelze, Grauschnäpper, gelegentlich auch Gartenrotschwanz, Rotkehlchen und Zaunkönig legen ihre Nester gerne in Nischen- oder Halbhöhlenkästen an. Die Vorderseite des Kastens ist etwa zu einem Drittel offen. Anbringsorte für diesen Kastentyp sind beispielsweise Häuser, Nebengebäude und Gartenlauben. Jedoch sollte der Kasten nicht an einer kahlen Wand aufgehängt werden. Es ist zu berücksichtigen, dass die Bruten stark durch Beutegreifer gefährdet sein können; insbesondere durch Katzen und Elstern. Bei der Aufhängung ist darauf zu achten, dass es den Beutegreifern möglichst schwer gemacht wird, an die Halbhöhle heranzukommen. Besonders eignet sich der Raum unter einem Dachvorsprung. Notfalls kann man auch mit ausreichend weitmaschigem Drahtgeflecht den Nistkasten so abschirmen, dass sich die Jungen sicher fühlen können.

Der Kasten: Die Konstruktion ist ausgesprochen leicht zu bauen. Sie besteht aus einem Kasten, der durch ein seitliches und nach vorn überstehendes Dach abgedeckt wird. An einem gut geeigneten Ort aufgehängt, bietet dieser Kastentyp mit seinem Dach und Seitenvorbau einen relativ guten Schutz vor Nesträubern. Gleichzeitig schützt diese Bauart vor Regen und Wind.

Bauanleitung

Sägen Sie zunächst die Bauteile nach der oben stehenden Liste und der Zeichnung zu. Als erstes schrauben oder nageln Sie Bodenbrett und Rückwand zusammen, dann die Seitenwände auf die Seitenkanten von Bodenbrett und Rückwand, schließlich die Vorderwand von vorn auf die Kanten der Seitenwände und des Bodenbrettes. Die Vorderwand muss unten mit dem Bodenbrett abschließen. Zum Schluss schrauben Sie das Dach obenauf, so dass es mit der Rückwand abschließt.

Einzelteile und Maße (in cm):

Bauteile	Maße	Menge
Dach	20 × 22	1
Boden	12 × 12	1
Rückwand	12 × 17	1
Vorderwand	16 × 8	1
Seitenwände	14 × 14/17	2
Brettstärke	2	

Fütterndes Hausrotschwanz-Männchen an Nischenbrüterkasten

Halbhöhlen-Kasten

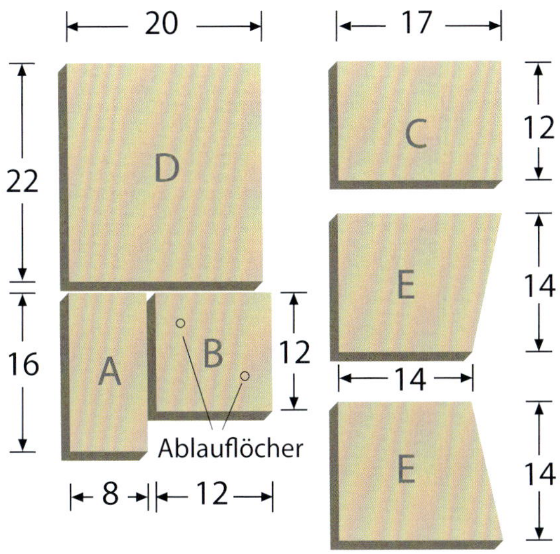

Hinweis:
In diesen Kasten ziehen ein: Rotkehlchen, Hausrotschwanz, Grauschnäpper, Zaunkönig, Bachstelze, Gebirgsstelze, Wasseramsel.

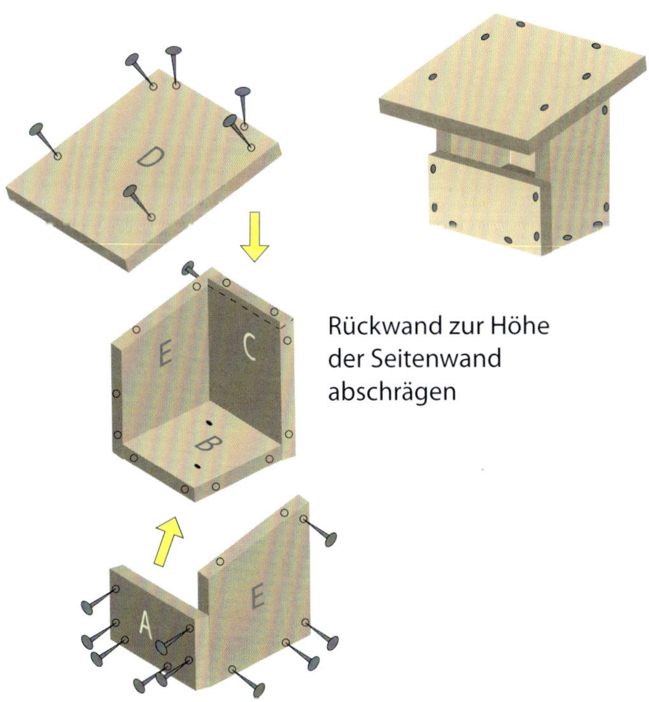

Haussperling - Spatzenhaus

Unser Spatz ist eng mit den in großen Kolonien brütenden afrikanischen Webervögeln verwandt. Er mag die Gesellschaft seinesgleichen und zieht es auch vor, in der Gemeinschaft zu brüten. Deshalb ist es wichtig, dass nicht nur ein Brutkasten aufgehängt, sondern ihm gleich mehrere Kästen oder gar „Spatzen-Mehrfamilienhäuser" angeboten werden.

Dreistöckiges Spatzenhaus für die geselligen Bewohner

Bei dem „Reihenhaus für Spatzen" handelt es sich um einen 45 cm breiten, in drei gleich große Kammern geteilten Holzkasten, der die entsprechende Geselligkeit ermöglicht.

Material

Auch beim Bau des Spatzenhotels nutzen wir sägeraue Bretter aus Nadelholz der Brettstärke 2 cm. Sperrholz oder Pressplatten sind ungeeignet, da sie bei Feuchtigkeit aufquellen. Zur Belüftung werden in das Bodenbrett (B) in jede Kammer zwei Löcher mit einem Durchmesser von 0,5 cm gebohrt.

Einzelteile und Maße (in cm):

Bauteile	Maße	Menge
Dach	18 × 50	1
Boden	12 × 44	1
Rückwand	19 × 44	1
Zwischenwand	17 × 12	4
Vorderwand	13,5 × 12	3
Frontleiste	4 × 44 × 1	1
Halteleiste	14 × 1 × 1	3
Balken	5,5 × 44	1

Bauanleitung

Die Rückwand (C) wird zuerst mit dem Bodenbrett (B) vernagelt oder verschraubt. Dann setzt man die Seitenwände (E) auf und fixiert die Kammerabtrennungen (E) im Innenraum in gleich großen Abständen; Frontleiste anschrauben und anschließend den Balken mit den schräg ausgeschnittenen Fluglöchern bündig mit der Oberkante der Seitenwände anbringen; nun das Dach aufbringen und mit Nägeln oder Schrauben fixieren.

Jetzt werden die Halteleisten an die Fronteinsätze (A) angebracht, danach können diese in die jeweilige Kammer eingesetzt werden. Dieses System ermöglicht ein leichtes Öffnen des Kastens und erleichtert somit die Reinigung nach der Brutzeit.

Das fertige Spatzenhaus sollte mindestens 2 Meter über dem Boden, möglichst in Süd- oder Südostrichtung mit freiem Anflug an einer Hauswand befestigt werden.

Spatzen-Reihenhaus

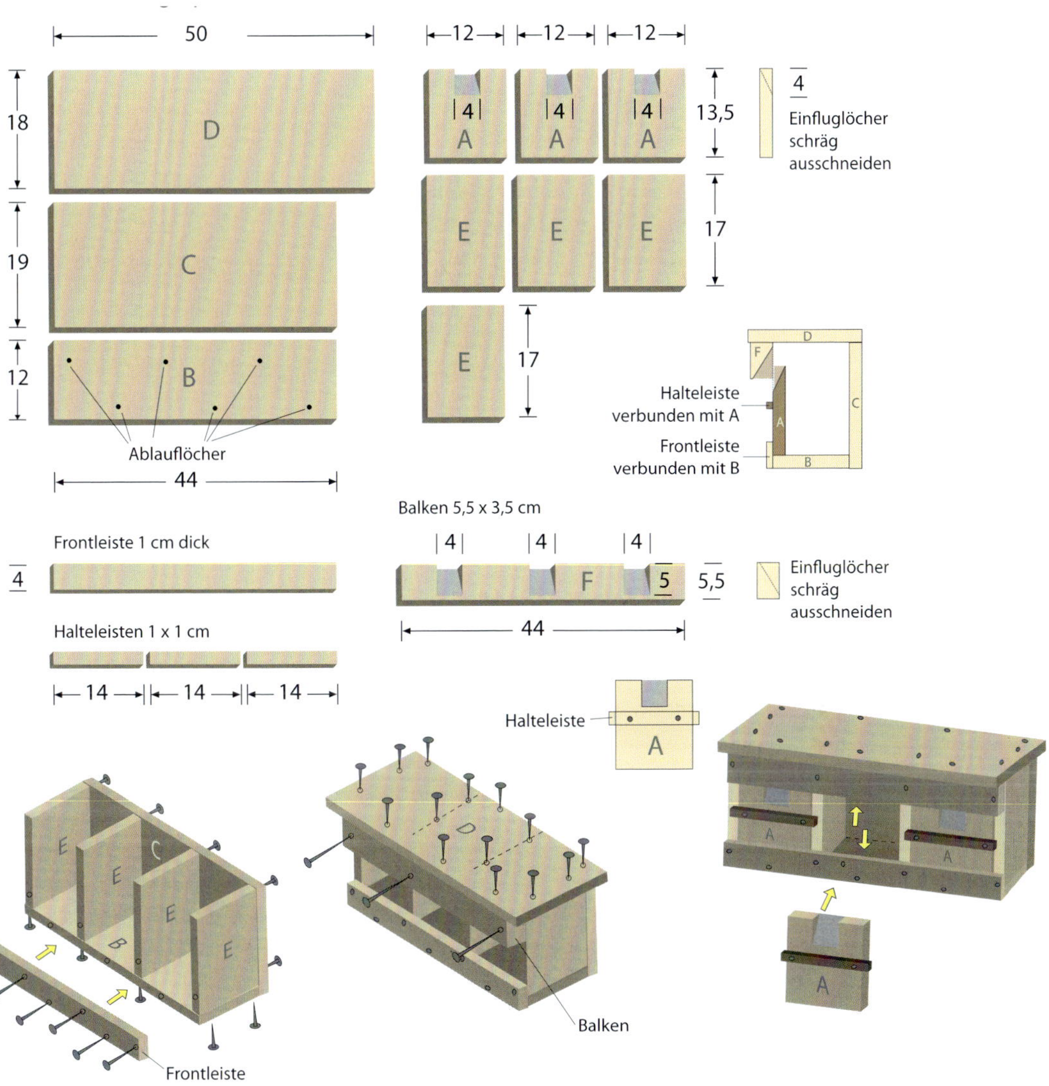

Der Mauersegler-Kasten

Am liebsten brüten Mauersegler in Gebäudenischen, die man beim Neubau von Häusern möglichst in Dachnähe gleich vorsehen sollte. Da Mauersegler äußerst brutplatztreu sind, ist es allerdings nicht ganz einfach, den Dauerfliegern trotz bestehender Wohnungsnot ein Kastenangebot schmackhaft zu machen.

Wenn Sie die Neubauten im Sommer mit Mauerseglerrufen von einer CD beschallen, dann ist die Wahrscheinlichkeit nicht gering, dass noch unverpaarte Segler auf Ihr Wohnungsangebot aufmerksam werden, die Wohnungen inspizieren und noch im gleichen oder kommenden Jahr darin einziehen. Sind sie erst einmal da, kommen die luftvagabundierenden, aber brutplatztreuen Mauersegler immer wieder.

Material

- 2 cm starke Fichten-, Tannen- oder Kiefernholzbretter (Maße s. Zeichnung)
- ca. 20 verzinkte Nägel, besser Holzschrauben

Einzelteile und Maße (in cm):

Bauteile	Maße	Menge
Dach	33,6 × 26	1
Boden	30 × 20	1
Seitenwände	21,8 × 13	2
Einflugloch	oval 6,8 × 3,4 (2 cm über Boden angebracht)	1
Brutmulde für Eiablage	Durchmesser 11 cm (siehe Abbildung)	1
Vorderwand	13,2 × 29,7	1
Halteleiste	4 × 29,7	2

Bauanleitung

Der Mauerseglerkasten gleicht in seinem Aufbau weitgehend dem einfachen Höhlenbrüterkasten (ist jedoch ein Flachkasten). Auch hier kann die Vorderwand zur Kontrolle des Kastens nach vorne geklappt werden. Sie wird ebenfalls mit einem Sturmhaken gesichert. Das ovale Einflugloch befindet sich in der Mitte der Vorderwand, 3 cm über dem Boden. Einzelteile wie angegeben aussägen.

In Frontwand entsprechend großes Einflugloch und in den Boden zwei kleine Löcher bohren, damit eventuell eindringende Feuchtigkeit abfließen kann. In das Bodenbrett können wir eine flache Mulde fräsen, die von den Mauerseglern zur Anlage ihres Napfnestes gerne genutzt wird. Diese Mulde ist aber kein Muss!

Mit Bodenplatte und Rückwand beginnend, die Teile wie angegeben zusammenfügen. Zum Aufhängen des Kastens dienen zwei an die Rückwand geschraubte Aufhängeleisten, die an die Hauswand gedübelt werden.

TIP von O…

Die Vögel bevorzugen die Straßenseite von Gebäuden (dort freier An- und Abflug!). Bei Gefahr der Überhitzung (Süd-Exposition) vorsorglich 3-4 Entlüftungslöcher nahe Oberkante der Rückwand anbringen, um Hitzestau zu vermeiden.

Mauersegler-Kasten

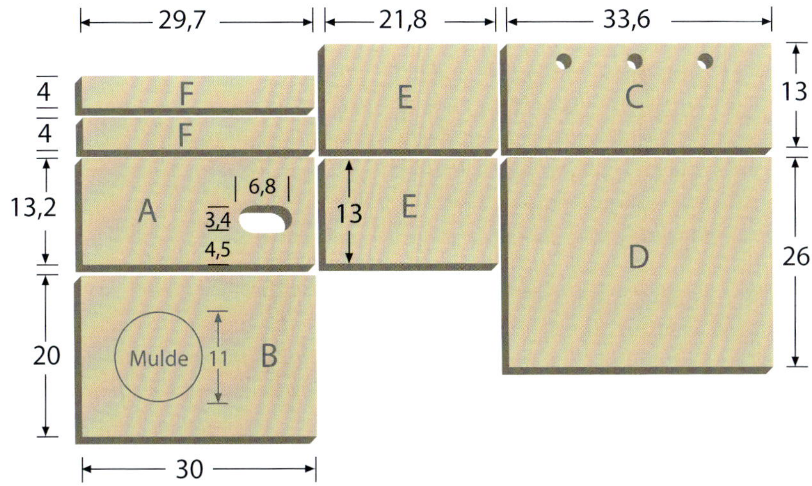

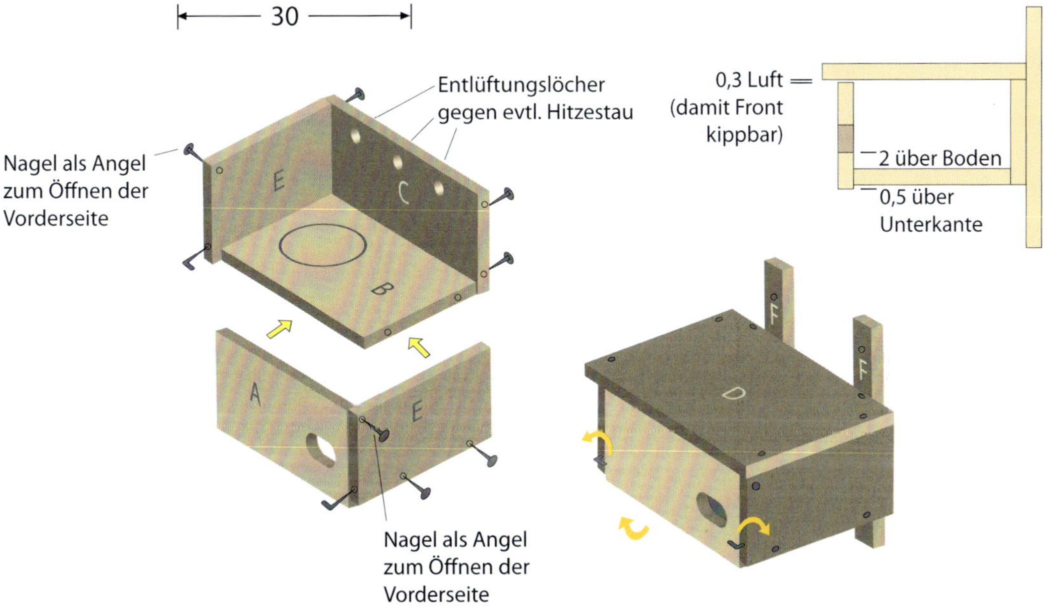

TIPP von Opa Kurt

Bringen Sie die Kästen in einer ganzen Batterie mindestens 6 m über dem Boden an einer Hauswand unter dem Dachtrauf an. Sorgen Sie dafür, dass die Vögel einen freien Anflug an die Nistkästen haben.

Rauchschwalben-Brett

Rauchschwalben nisten bei uns fast ausnahmslos im Inneren von Gebäuden, vorwiegend in Ställen. Mit dem Rückgang der kleinbäuerlichen Landwirtschaft haben die „Kuhstallsschwalben" ihr Brutgeschäft nicht selten in Pferdeställe verlagert. Unebene Wände oder kleine Wandvorsprünge sind Ansatzstellen für die Nestanlage. Deshalb bauen Rauschwalben ihr Nest meist auf hervorstehenden Balken, Brettchen, Kabeln oder Haken, wobei es immer ziemlich dicht unter der Decke zum „Schutz von oben" platziert wird. Als Baumaterial für das Viertelkugelnest dient den Rauschwalben feuchte, teilweise lehmige Erde, die mit Speichel durchknetet wird. Für lehmige Wasserpfützen sorgen! Eingesammelte Halme, Federn und Haare dienen als Bindematerial. Während die Nestaußenwand immer recht uneben wirkt, ist das Nestinnere sauber geglättet und mit Federchen ausgepolstert. Nachdem in grundsätzlich geeigneten Ställen oft der passende Ansatzpunkt für den Nestbau fehlt, genügt den Rauchschwalben als Nisthilfe ein einfaches Brett (Maßangaben in cm), das sie als Unterlage für ihr Lehmnest nutzen können, so dass die Absturzgefahr gebannt ist.

Einfache Nisthilfe für Rauchschwalben

Material

- 2 cm starke Fichten-, Tannen- oder Kiefernholzbretter (Maße s. Zeichnung)
- ca. 10 verzinkte Nägel, besser Holzschrauben

Bauanleitung

Einzelteile und Maße (in cm):

Bauteile	Maße	Menge
Boden	15 × 15	1
Stütze	15 × 15	1
Seitenbrettchen B	15 × 2 × 0,5	2
Seitenbrettchen C	14 × 2 × 0,5	2

Einzelteile wie angegeben aussägen, dann zusammenfügen.

Anbringung an der Wand in geringem Abstand zur Decke (etwa eine Handbreit Platz zwischen Nestrand und Stalldecke, nicht mehr als 20 cm); der Winkel unterhalb der Nestunterlage dient der Stabilisierung.

Noch wichtig zu wissen:
Durch ein solches Brett kann man auch bereits abgestürzte Nester für die nächste Brut retten.

Der Selbstbau von Kunstnestern für Mehlschwalben ist zwar möglich, aber sehr aufwendig. Hier empfiehlt es sich eher, bewährte Kunstnester zu kaufen. Eine leichte und sehr wirkungsvolle Schwalbenhilfe ist das Anbringen eines Kotbrettes mindestens 50 cm unterhalb vorhandener Nester an der Hauswand. Damit lässt sich Schmutz vermeiden und die Akzeptanz der Hausbewohner für die Schwalben erhöhen.

Rauchschwalben-Brett

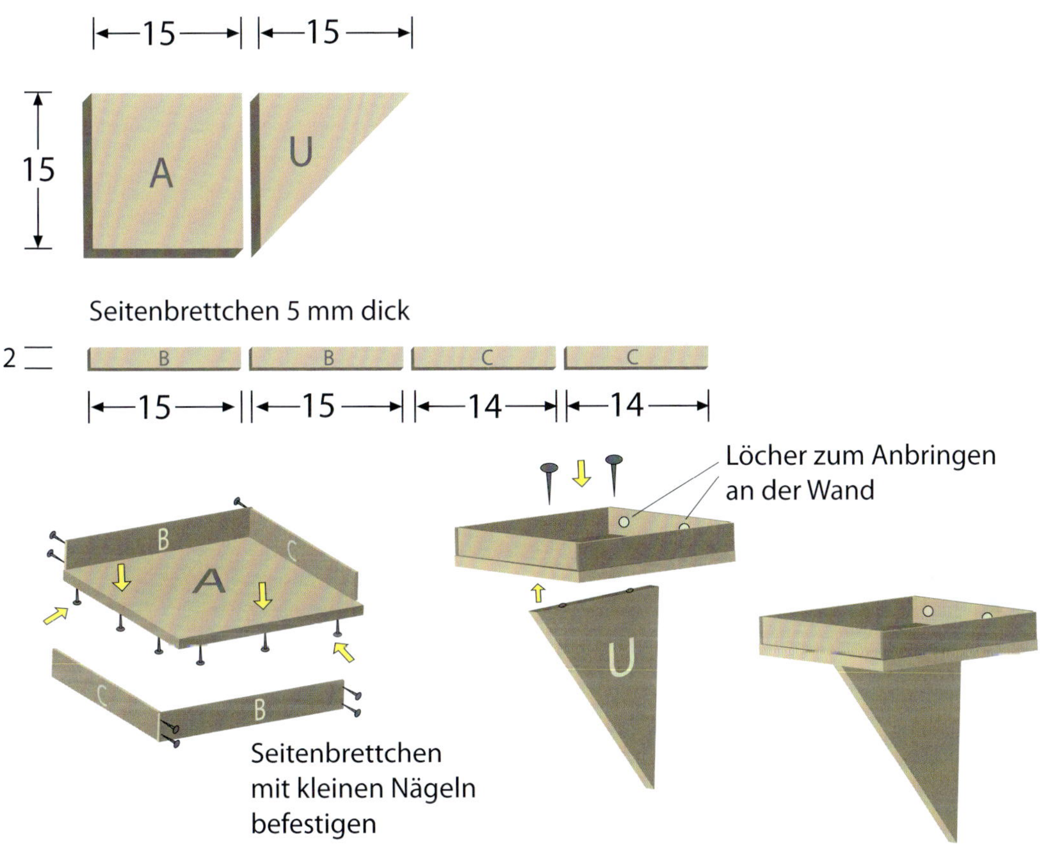

Baumläufer-Kasten

In Gärten mit altem Baumbestand kann man mit einem Schlitzkasten dem Gartenbaumläufer einen Nistplatz anbieten, der speziell auf die Bedürfnisse dieses Klettervogels abgestimmt ist. In geeigneten Lebensräumen kann ein entsprechender Nistkasten auch für den Waldbaumläufer aufgehängt werden. Der Baumläuferkasten besitzt am oberen Rand der Rückwand einen rechteckigen Schlitz. Der Kasten wird so am Stamm befestigt, dass der „Klettermaxe" von dort aus direkt hineinmarschieren kann.

Auch der Baumläuferkasten besitzt zur Reinigung eine aufklappbare Front. Dazu werden zwei Löcher mit Nageldicke in die Seitenwände gebohrt (etwa 3 cm unterhalb der Oberkante). Dann die Frontplatte bündig einlegen und durch die Löcher die beiden Nägel einschlagen, die jetzt als Drehachse dienen.

Material

- 2 cm starke Fichten-, Tannen- oder Kiefernholzbretter (Maße s. Zeichnung)
- ca. 20 verzinkte Nägel, besser Holzschrauben
- 2 Aluminium-Nägel

Einzelteile und Maße (in cm):

Bauteile	Maße	Menge
Boden	10 × 15	1
Dach	23 × 18	1
Seitenwände	12 × 25/30	2
Vorderwand	26 × 15	1
Seitenwand	19 × 35	1

Bauanleitung

Einzelteile wie angegeben aussägen. In den Boden zwei kleine Löcher zum Abfließen von evtl. eindringender Feuchtigkeit bohren. Mit Bodenplatte und Rückwand beginnen, die Teile wie angegeben zusammenfügen. Wenn der Kasten mit der Aufhängeleiste an einem Baumstamm befestigt wird, sind dazu die Alu-Nägel zum Schutz des Baumes zu verwenden.

TIP

Baumläufer suchen bevorzugt Baumstämme mit grober Borke nach Nahrung ab. Wenn wir unseren Kasten an einem solchen Baum anbringen, steigt auch die Chance, dass er vom Baumläufer entdeckt und genutzt wird.

Baumläuferkasten an grobborkigem Baumstamm

Baumläufer-Kasten

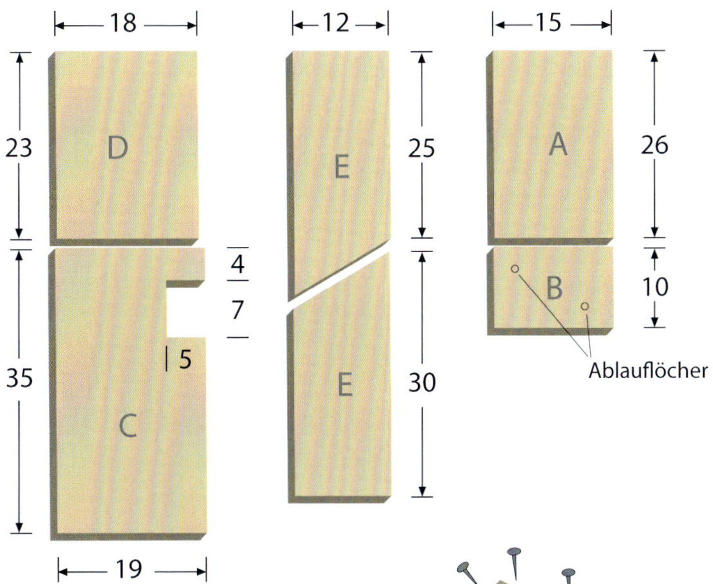

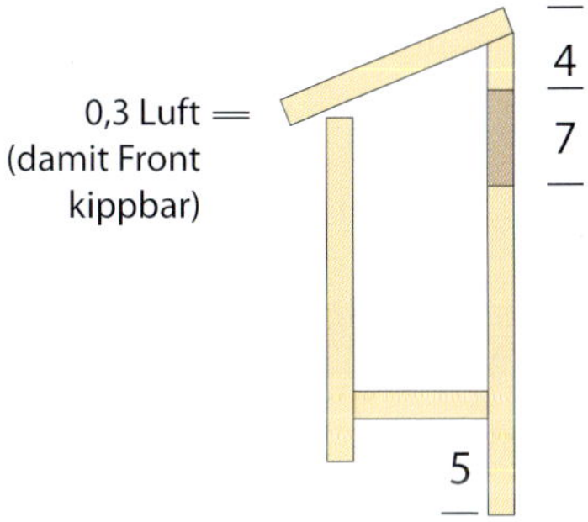

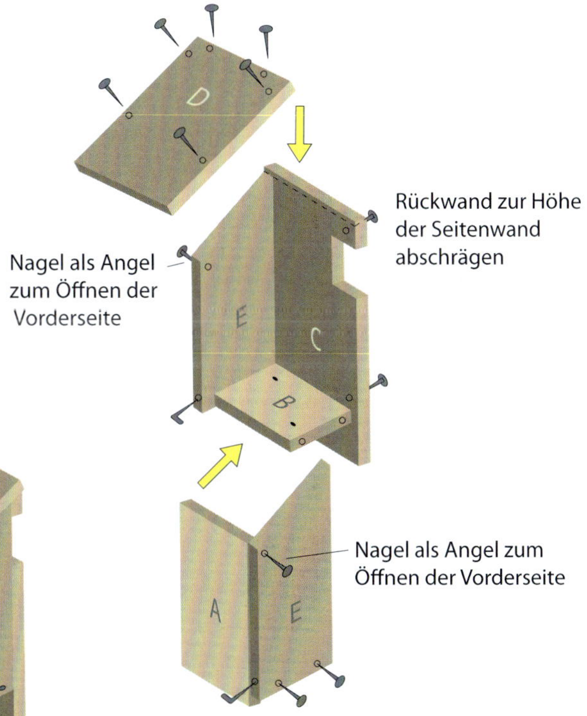

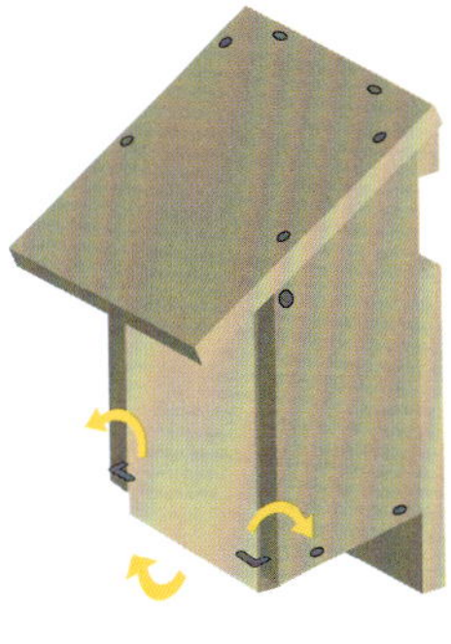

Steinkauz-Röhre

Wohl kaum eine andere Vogelart ist in Deutschland in einem solch hohen Maße vom Angebot künstlicher Nisthilfen abhängig wie der Steinkauz. Noch vor wenigen Jahrzehnten fand die kleine, Baumhöhlen bewohnende Eule in Streuobstwiesen ausreichend Brutplatz. Mit dem flächendeckenden Rückgang dieser unwirtschaftlichen Obstkulturform ist auch der Steinkauz vielerorts verschwunden. In manchen Regionen konnte dem Steinkauz mit dem Anbringen dieser speziell entwickelten und konstruktiv immer weiter verbesserten Brutröhren wirkungsvoll geholfen werden. Neben dem Schleiereulenkasten ist dies aber auch das für den Heimwerker anspruchsvollste Modell im Bezug auf Zuschnitt und Zusammenbau. Grund dafür ist eine Bauweise mit versetzten, labyrinthartigen Flugöffnungen und Zwischensteg, die als Schutz vor dem Steinmarder dienen sollen. Außerdem ist der in der Bauzeichnung dargestellte Kastentyp rund konstruiert, so dass er „baumfreundlich" und möglichst unauffällig im Apfelbaum oder auf einem Walnussbaum angebracht werden kann. Regional wurden recht unterschiedliche Röhrentypen entwickelt. Entscheidend ist nicht so sehr die Form, sondern die richtige Dimensionierung (Länge, Innenraum, Flugöffnung, Reinigungs- bzw. Kontrollöffnung und Belüftung). Mit dem in der Bauzeichnung dargestellten Modell gibt es jahrzehntelange praktische Erfahrung.

Material

Nadelholzbretter der Stärke 2 cm, sägerau. Die Flugöffnung hat Bohlenstärke (4 bis 5 cm). Hier kann gerne auch Hartholz Verwendung finden. Dies ist nötig, da Steinmarder, die in den Brutraum eindringen wollen, unter Umständen versuchen, sich dorthin durchzubeißen.

Einzelteile und Maße (in cm):

Bauteile	Maße	Menge
Außenbretter	85 × 8	8
Innenwände	Achteck 8 cm Kantenlänge	3
Kantholz D	3,5 × 8 × 10	1
Abdeckung E	11 × 11	1
Griff G	1 × 11	1

Bauanleitung

Der Zuschnitt der achteckigen Flugöffnungen und der hinteren bzw. rückwärtigen Reinigungsöffnung erfordert exaktes Arbeiten. Am besten fertigt man sich eine Schablone und überträgt die Schnittmaße und die Lochgrößen auf das Holz. Um die 6,5 cm großen Öffnungen zu fertigen, benötigt man eine Lochsäge. Die Reinigungsöffnung am anderen Ende der Röhre wird ebenfalls ausgesägt. Diese sollte allerdings mindestens 10 cm im Durchmesser groß sein, damit eine Hand mühelos durchpasst. Dies erleichtert sowohl die Steinkauzberingung als auch die notwendige Reinigung. Zuerst werden die beiden Schlupfwände versetzt aufgestellt und mit dem Steg gemäß der Zeichnung verbunden. Die Schlupflöcher sind dabei versetzt. Das Kontrollloch liegt aber exakt gegenüber. Der Steg wird angebracht. Nun kann die hintere Wand mit der Reinigungsöffnung

in dem Abstand auf die Werkbank gestellt werden, wie dann im nächsten Schritt die 8 Bretter rundum aufgenagelt werden. Der Überstand vorne beträgt ca. 15-20 cm. Dies ist von Vorteil, da die jungen Steinkäuze im Alter von ca. 3 Wochen die Röhre schon mal verlassen und dann einen luftigen und überdachten Vorplatz haben. Zum Schluss wird die Röhre mit Dachpappe umhüllt, damit kein Regen eindringen kann. Es ist darauf zu achten, dass sie sich am Boden überlappt. Somit wird verhindert, dass Wasser in den Brutraum eindringen kann.

TIPP von Opa Kurt

Beim Aufhängen des Kastens sollte man einen Spezialisten mit einbinden. Der richtige Ort ist ganz wichtig für eine Besiedlung der mühevoll gefertigten Röhre. Dabei gibt es nämlich vieles zu beachten! Übrigens lohnt es sich auch nur, den Kasten in „Steinkauzgebieten" aufzuhängen, denn die Vögel müssen ja schließlich irgendwo herkommen. Auch deshalb ist der Rat eines Spezialisten unabdinglich. Die Vogelschutzgruppen vor Ort unterstützen Sie dabei gerne.

Steinkauz-Röhre

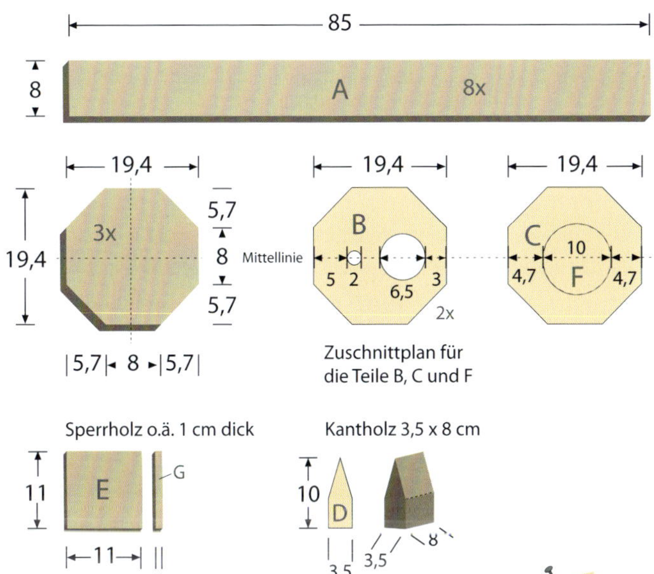

Wiener Reiber: Zweimal rechtwinklig gebogene(r) Nagel oder Schraube; zur Verriegelung dienend.

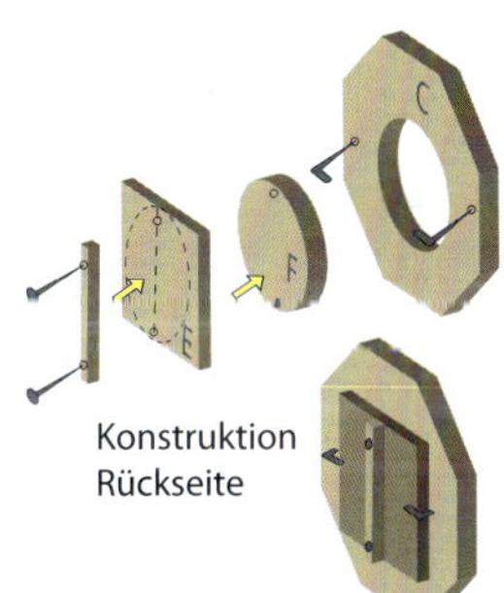

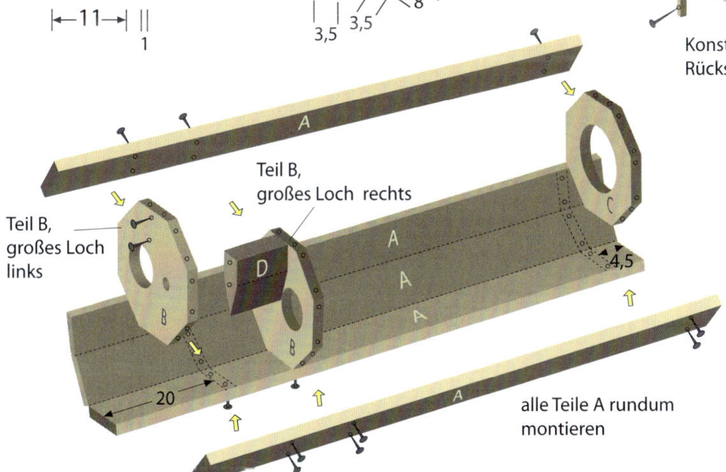

Der Turmfalken-Kasten

Der Turmfalke baut kein eigenes Nest und ist deshalb auf den „sozialen Wohnungsbau“ durch andere Vogelarten, wie z.B. Rabenvögel, angewiesen. In Dörfern und Städten sind es meist alte Gebäude, wo der kleine Falke eine Nische zum Brüten findet. Mit der modernen Architektur kommt er nicht gut zurecht und findet dort auch selten einen geeigneten Brutplatz. Ein Turmfalken-Kasten, am richtigen Platz aufgehängt, kann ihm aus der Not helfen.

Männlicher Turmfalke auf Ansitzwarte

Wohin mit dem Kasten?
Er sollte möglichst hoch außen oder innen an der Süd- oder Ostseite von Kirchtürmen, Hallen, Lagerhäusern, Scheunen oder ähnlich hohen Gebäuden angebracht werden. Wichtig ist natürlich, dass im Umland genügend offene Nahrungsflächen sind (Wiesen und Äcker). In Streuobstwiesen oder Obstbaumstücken kann der Kasten auch, an einer langen Stange montiert, in den Bäumen selbst angebracht werden. Dabei sollte der Kasten allerdings die Baumkrone ein bis zwei Meter überragen.

Als Baumaterialien werden Bretter mit 2 cm Stärke verwendet. Es können allerdings auch witterungsbeständige Siebdruckplatten auf Maß geschnitten werden. Dabei ist natürlich darauf zu achten, dass die raue Seite nach innen kommt.

Bauanleitung

Einzelteile und Maße (in cm):

Bauteile	Maße	Menge
Dach	62 × 45	1
Rückwand	31 × 55	1
Boden	33 × 55	1
Seitenwand	31 × 37/40	2
Vorderwand A1	10 × 55	1
Vorderwand A2	4 × 55	1
Vorderwand A3	6 × 59	1
Haltestangen	59 × 4	2
Seitenleisten	53 × 2	2
Aufhängeleisten	45 × 5	2

Beim Zusammenbau dieses Kastens verfahren Sie wie bei dem Halbhöhlen-Nistkasten: die Bretter aussägen und die Teile zusammennageln oder -schrauben.
Zuerst wird das eine Seitenbrett (E) bündig an das Bodenbrett (B) genagelt oder geschraubt. Das Seitenbrett steht hinten und vorne um Brettstärke (2 cm) über, sodass die Rückwand (C) eingepasst werden kann. Danach müssen die zweite Seitenwand sowie die schmalen „Brettchen“ (A1, A2 u. A3) vorne angebracht werden. Im nächsten Schritt kann das Dach fixiert werden. An den Zeichnungen und Maßen ist gut zu erkennen, dass die Seitenteile nicht rechtwinklig sind. Damit bekommt man eine „Dachschräge“, die einen besseren Regenwasserablauf ermöglicht.
In das Bodenbrett (B) werden zwei kleine Löcher (0,3 cm) gebohrt, damit Feuchtigkeit aus dem Kasteninneren ablaufen kann.
Zuletzt werden die Latten zum Aufhängen (F) und der Lattenrahmen mit den Haltestangen angebracht. Dieser dient für die Altvögel als Sitzwarte und ist Ästen nachempfunden.
Es empfiehlt sich auch hier, auf das Dachbrett (D) eine Teerpappe, die an den Rändern über die Brettkanten gebogen wird, aufzunageln. Damit lässt sich die Lebensdauer des Kastens deutlich erhöhen.
Ist der Kasten an einer passenden Stelle angebracht, kann etwas Rindenmulch als Gelegeunterlage eingebracht werden. Wenige Handvoll reichen dafür schon aus.

Turmfalken-Kasten

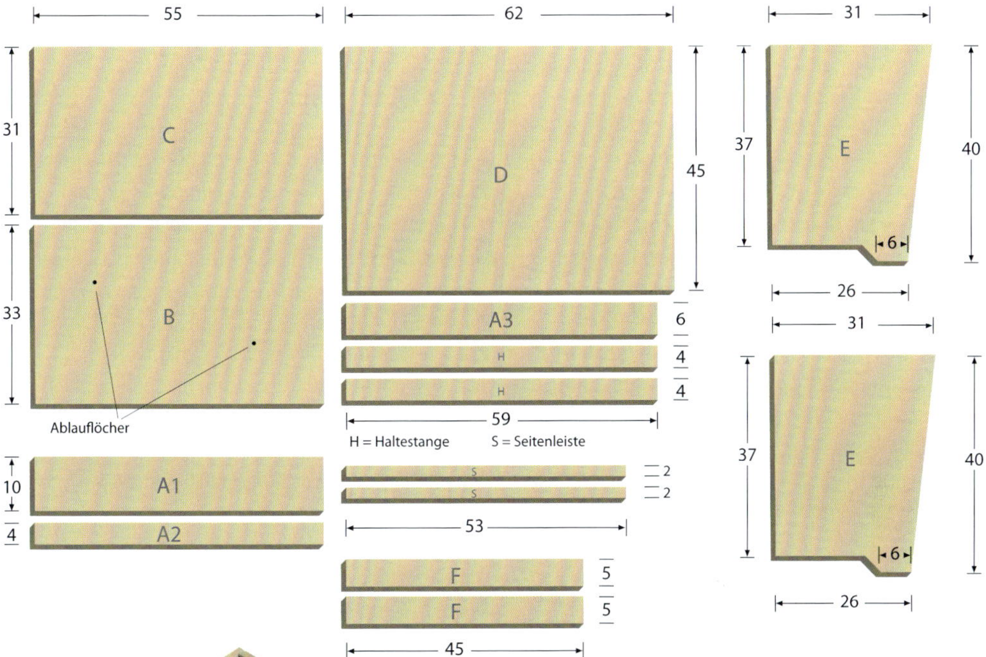

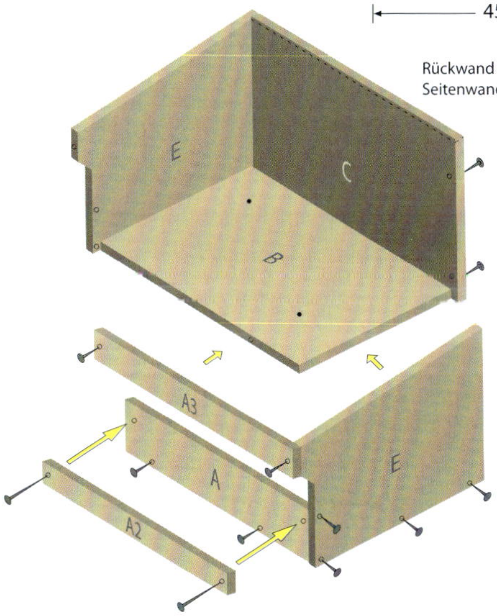

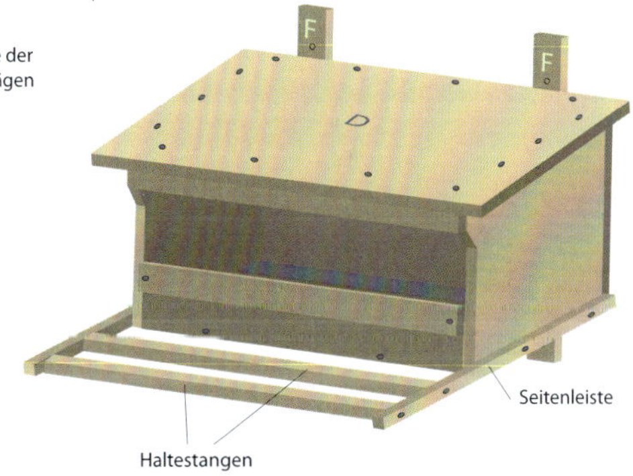

An den Turmfalken-Kasten gehört in jedem Fall ein Vorbau in Form eines Lattenrostes. Er dient den Alt- und später auch den Jungvögeln sozusagen als Terrasse oder Balkon und verhindert das Herabstürzen der Jungvögel. Außerdem können die Jungvögel ihre Flugmuskulatur besser trainieren, bevor sie die ersten Flugübungen machen.

Schleiereulen-Kasten

Der Bau und das Aufhängen eines Schleiereulenkastens stellt für viele Heimwerker schon eine gewisse Herausforderung dar – er ist der größte Eulenkasten, den wir aufhängen können. Er wird innerhalb von Gebäuden angebracht, zum Beispiel an Giebelwänden von Scheunen, in Kirchtürmen auf altem Gebälk, im Inneren von Getreidesilos und auf Dachböden.
Der Eigenbau ist da noch das geringste Problem. Der Kasten kann nur in Absprache mit den Eigentümern der Gebäude montiert werden. Einigkeit wird meist schnell erzielt, da die Schleiereule als eifriger Mäuseverzehrer sehr willkommen ist. Am besten, man bindet bei solchen Aktionen örtliche Eulenschützer mit ein. Die haben genügend Erfahrung, so dass die Artenhilfsmaßnahme zielgerichtet umgesetzt werden kann.

Brutkasten – Einzelteile und Maße (in cm):

Bauteile	Maße	Menge
Boden	120 × 80	1
Dach	120 × 80 (zweigeteilt)	1
Seitenwände	75 × 70	2
Vorderwand	120 × 70	1
Rückwand	120 × 70	1

Zugangstunnel – Einzelteile und Maße (in cm):

Bauteile	Maße	Menge
Boden	60 × 60	1
Dach	60 × 60	1
Seite a	30 × 60	2
Seite c	57,5 × 30	1
Seite e	27,5 × 30	1
Seite f	25 × 30	1
Eingangsrahmen	45 × 45	1

Bauanleitung

Als Baumaterialien können Tischlerplatten (gemäß Bauanleitung) oder sägeraue Bretter genutzt werden. Beim Verwenden von Brettern muss darauf geachtet werden, dass die Ritze mit flachen, schmalen Latten verschlossen werden, um Zugluft und Lichteinfall zu verhindern.
Der Einflugstutzen, der nach der Montage an den Nistkasten vom Gebäudeinneren in die „Ulenflucht" (Giebelöffnung) ragt, sollte in der Werkstatt als Einzelteil vorgefertigt werden.
Der Kasten wird insgesamt recht schwer, so dass der Zusammenbau an Ort und Stelle (z.B. im Scheunengiebel) erfolgt. Der fertige Kasten ist außerdem zu groß, als dass er über enge Durchgänge oder steile Treppen transportiert werden könnte. Die Kastenteile müssen dazu wie in der Bauanleitung genau vorbereitet werden. Unter Umständen muss der winkelförmige Einflugstutzen noch vor Ort an die entsprechende Gebäudeöffnung angepasst werden.
Für das Zusammenfügen der in der Bauanleitung dargestellten Einzelteile eignen sich sowohl Nägel (5 cm) als auch Holzschrauben oder eine Kombination aus beiden. Ein Akkuschrauber ist dabei ein wichtiges Hilfsmittel.
Die Schleiereulen sollen direkt vom Eulenloch (u. a. Maueröffnung im Dachgiebel, Schallluke im Kirchendach) in das dunkle Kasteninnere kommen können.
Für die Montage des Kastens im Innenraum hoher Gebäude sind Gerüste oder Hubvorrichtungen zu nutzen, die den Arbeitssicherheitsvorschriften entsprechen.
Der Schleiereulenkasten kann auf dem Dachgebälk in der Scheune aufgebracht oder mit starkem Lochband befestigt werden. Wichtig ist jedoch die Ausrichtung zum Flugloch. Zur Abstützung des Kastens kann auch eine aus stabilen Kanthölzern gefertigte Dreieckstütze dienen. Diese muss an die örtlichen Verhältnisse angepasst werden.
Der Nistkasten erhält eine Öffnungsklappe (D 2), die mit Scharnieren befestigt wird. Dies ist erforderlich, da der Bruterfolg von Fachleuten kontrolliert und vor allem auch Reinigungsarbeiten durchgeführt werden müssen. Im Verlauf mehrer Brutjahre kann sich eine Menge an Hinterlassenschaften (Gewölle, Beutetierreste) im Kasten ansammeln.
Nach der fachgerechten Montage des Kastens und der Anbringung sollte im Innenraum etwas Rindenmulch oder Hobelspäne als Brutbett aufgetragen werden.
Der Erfolg der Maßnahme hängt davon ab, wie ungestört der Kasten bleibt.

Schleiereulen-Kasten

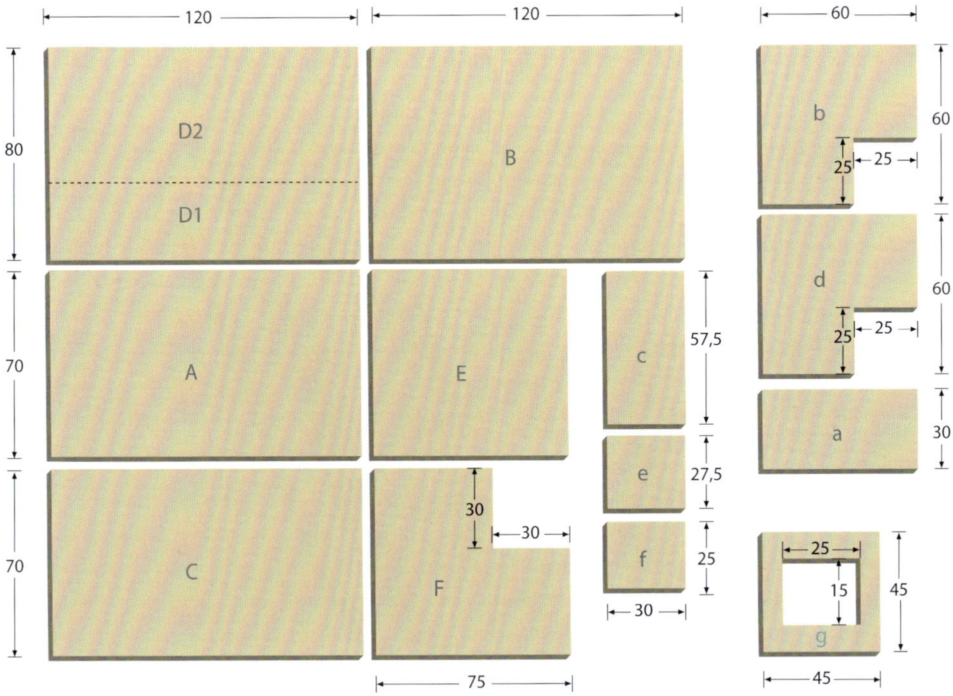

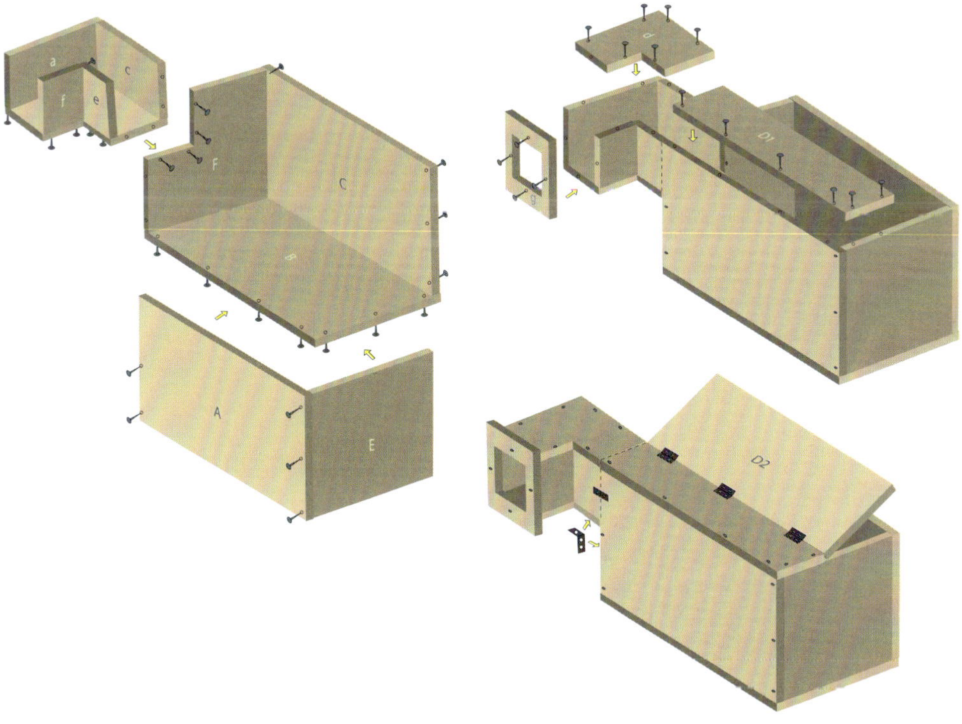

Raus aus der Werkstatt – Der richtige Anbringungsort

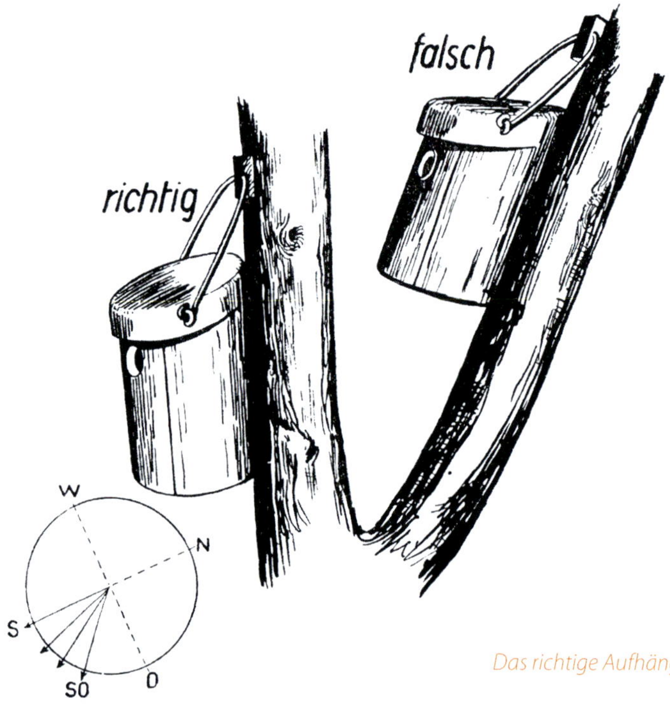

Wichtig: Das richtige Aufhängen von Nistkästen

Nisthilfen sollten dort angebracht werden, wo Vögel genügend natürliche Nahrung für ihren Nachwuchs finden und wo sie einigermaßen störungsfrei brüten können. Nistkästen können durchaus auch in Siedlungsgebieten aufgehängt werden. Man sollte jedoch – wo immer möglich – auch auf eine naturnahe Gestaltung des Hausumfeldes und des Gartens achten und auf Insektizide und andere Umweltgifte im Garten verzichten.

Auf Grundstücken, die nicht allgemein zugänglich sind, können die Nistkästen zwecks leichterem Kontrollieren und Reinigen in Augenhöhe aufgehängt werden. An Bäumen werden sie entweder mit einem Bügel über einen Ast gehängt, oder mit einem Aluminiumnagel am Stamm befestigt.

Das Flugloch eines Nistkastens sollte nicht zur Wetterseite weisen. Eine sorgfältige Ausrichtung nach Südosten ist nicht unbedingt nötig. Der Kasten sollte aber weder ganztägig im Schatten hängen, noch von der prallen Mittagssonne getroffen werden.

Damit keine Niederschläge ins Innere gelangen können, muss der Kasten entweder gerade oder leicht nach vorn geneigt aufgehängt werden.

Die richtige Anbringungszeit

Nistkästen können zu jeder Jahreszeit angebracht werden. Da viele Vögel ihren späteren Brutplatz schon im Herbst oder Winter festlegen und einige Arten (z. B. Meisen) dann auch schon in den Höhlen nächtigen, ist es besonders erfolgversprechend, sie im Herbst anzubringen.

Die Arten im Porträt

Die Artporträts enthalten alle Angaben zu den Vögeln, die für uns als Nistkastenbauer und -betreuer von Bedeutung sind. Neben der Artbestimmung unter dem Motto „Was brütet und singt denn da?“ erfahren Sie in Kurzform etwas über die Lebensraum- und Nistplatzansprüche der jeweiligen Art, wie sie den Siedlungsraum nutzt, wer sich am Nestbau und der Brut beteiligt, wie lange und wie oft gebrütet wird, wann und wie viele Junge schlüpfen, von wem und wie lange sie betreut werden, wann die Art kommt, wohin sie geht (fliegt), und wann sie bei uns zu sehen und zu hören ist. Und, natürlich, welche Kastenart in Frage kommt und, wenn es ein Wintervogel ist, um was für einen „Futtertyp“ es sich handelt. Wenn kein Futtertyp angegeben ist, wird man diese Art im Winter an keiner Futterstelle antreffen.

Paarbeziehungen, Fortpflanzungsstrategien und Wanderungen

Um das Brutverhalten der Vögel zu verstehen, lohnt sich ein Blick auf die recht verzwickten Partnersysteme der einzelnen Arten, ihre Fortpflanzungsstrategien und Wanderungen. Während manche Arten eine feste Paarbeziehung für eine Brutsaison oder länger eingehen (monogame Saisonehe, Dauerehe), gibt es auch polygame Beziehungen, bei denen sich ein Tier mit mehreren anderen Individuen des anderen Geschlechts paart (Vielweiberei = Polygamie, Vielmännerei = Polyandrie). Ist ein Männchen mit zwei Weibchen verpaart, spricht man von Bigynie.

Viele Kleinvogelarten zeitigen in einer Brutsaison mehr als ein Gelege (Zweit- bis in Einzelfällen sogar Viertgelege). Wenn das erste Gelege verlustig geht, können manche Arten ein Ersatzgelege (Nachgelege) produzieren. Vor allem die durchgängige Verfügbarkeit der Nahrung ist Grund dafür, ob eine Art ganzjährig im Gebiet bleibt (Standvogel) oder als Lang-, Mittelstrecken-, Kurz- oder Teilzieher sich nach der Brutsaison auf Wanderung begibt.

Nistkästen aufhängen lohnt sich: Der Star dankt es Ihnen mit seinem facettenreichen Gesang.

Blaumeise

Brutbiologie	
Brutort	in Siedlungen und in strukturreichen Laub- und Mischwäldern mit großem Höhlenangebot
Bruttyp	Höhlenbrüter (Nistkastentyp Höhlenbrüterkasten)
Lage des Nestes	in Baumhöhlen, Nistkästen und in unterschiedlichsten Strukturen im Siedlungsbereich
Paarbeziehung	monogame Saisonehe, oft auch Dauerehe, einzelne polygyne Männchen
Nestbau	durch das Weibchen
Brut	Weibchen brütet und wird vom Männchen gefüttert
Legebeginn	Anfang April, meist aber Mitte April bis Anfang Mai
Brutdauer	13-15 (16) Tage
Bruthäufigkeit	1-2 Jahresbruten
Gelegegröße	(5) 7-13 (15) Eier
Nestlingsdauer	(17) 18-21 (22) Tage
Fütterung der Jungvögel	Männchen und Weibchen füttern und führen Junge noch 2-3 Wochen
Futtertyp	Körnerfresser

Phänologie	
Zugverhalten	Standvogel
Ankunft im Brutgebiet	-
Gesang	ab Ende Dezember/Anfang Januar, höchste Gesangsaktivität von Februar bis April
Aktivitätszeit	tagaktiv

Kohlmeise

Brutbiologie

Brutort	in Siedlungen, Feldgehölzen und in höhlenreichen Wäldern aller Art
Bruttyp	Höhlenbrüter (Nistkastentyp Höhlenbrüterkasten)
Lage des Nestes	in Baumhöhlen aller Art, Spalten, Nistkästen und unterschiedlichsten Strukturen im Siedlungsbereich
Paarbeziehung	monogame Saisonehe, oft auch Dauerehe
Nestbau	durch Weibchen
Brut	Weibchen brütet und wird vom Männchen gefüttert
Legebeginn	Mitte/Ende April bis Anfang Mai
Brutdauer	(12) 13-15 (16) Tage
Bruthäufigkeit	1-2 (3) Jahresbruten
Gelegegröße	(5) 6-12 (15) Eier
Nestlingsdauer	(17) 18-21 (22) Tage
Fütterung der Jungvögel	Männchen und Weibchen füttern und führen Junge noch 2-3 Wochen
Futtertyp	Körnerfresser

Phänologie

Zugverhalten	Standvogel
Ankunft im Brutgebiet	-
Gesang	Hauptgesangszeit Mitte Februar bis Anfang Juni, im März am intensivsten, höchste Gesangsaktivität in den frühen Morgenstunden
Aktivitätszeit	tagaktiv

Tannenmeise

Brutbiologie

Brutort	in Nadelwäldern und Mischwäldern mit hohem Nadelbaumanteil, zunehmend in Siedlungen in Parkanlagen, Gärten und Friedhöfen
Bruttyp	Höhlenbrüter (Nistkastentyp Höhlenbrüterkasten)
Lage des Nestes	in ausgefaulten Baumhöhlen, Baumspalten, Stubben, Nistkästen oder Erdhöhlen und Mauern
Paarbeziehung	monogame Saisonehe, oft auch Dauerehe
Nestbau	durch das Weibchen
Brut	Weibchen brütet und wird vom Männchen gefüttert
Legebeginn	Ende März, meist aber Ende April bis Ende Mai
Brutdauer	13-15 (16) Tage
Bruthäufigkeit	1-2 (3) Jahresbruten
Gelegegröße	(4-6) 7-10 (12) Eier
Nestlingsdauer	(17) 18-20 (21) Tage
Fütterung der Jungvögel	Männchen und Weibchen füttern
Futtertyp	Körnerfresser

Phänologie

Zugverhalten	Standvogel
Ankunft im Brutgebiet	-
Gesang	erste Reviergesänge ab Ende Januar, Hauptgesangszeit Ende März bis Anfang Mai, später deutlich nachlassend, höchste Gesangsaktivität in den frühen Morgenstunden
Aktivitätszeit	tagaktiv

Sumpfmeise

Brutbiologie

Brutort	in feuchten Laubwäldern mit Altholzbestand und in halboffener Kulturlandschaft mit Hecken, Feldgehölzen und Gärten
Bruttyp	Höhlenbrüter (Nistkastentyp Höhlenbrüterkasten)
Lage des Nestes	natürliche Baumhöhlen, hinter abstehender Borke, Nistkästen, in Mauer- und Felslöchern sowie in Erdhöhlen
Paarbeziehung	monogame Dauerehe
Nestbau	durch das Weibchen
Brut	nur Weibchen brütet und wird vom Männchen gefüttert
Legebeginn	Ende März bis Ende April, Ersatzbruten bis Juni
Brutdauer	(12) 13-14 (15) Tage
Bruthäufigkeit	1 Jahresbrut
Gelegegröße	(5) 7-10 (12) Eier
Nestlingsdauer	(17) 18-19 (21) Tage
Fütterung der Jungvögel	Männchen und Weibchen füttern und führen Junge noch 15 Tage
Futtertyp	Körnerfresser

Phänologie

Zugverhalten	Standvogel
Ankunft im Brutgebiet	-
Gesang	v.a. ab Vorfrühling und in der ersten Frühjahrshälfte, höchste Gesangsaktivität in den frühen Morgenstunden
Aktivitätszeit	tagaktiv

Weidenmeise

Brutbiologie

Brutort	naturbelassene, altholzreiche Wälder und halboffene Auen sowie verwilderte Feldgehölze und Gärten mit stehendem Totholz
Bruttyp	Höhlenbrüter (Nistkastentyp Höhlenbrüterkasten)
Lage des Nestes	selbstangelegte Höhlen in zersetztem Holz, in Spechthöhlen, in alten Nestern und ausnahmsweise in Nistkästen
Paarbeziehung	monogame Dauerehe
Nestbau	Männchen und Weibchen bauen Höhle gemeinsam, Nestbau nur durch das Weibchen
Brut	nur Weibchen brütet und wird vom Männchen gefüttert
Legebeginn	Anfang April bis Anfang Mai, in Bergwäldern noch später
Brutdauer	13-15 Tage
Bruthäufigkeit	1 Jahresbrut
Gelegegröße	(5-6) 7-9 (10) Eier
Nestlingsdauer	17-20 Tage
Fütterung der Jungvögel	Männchen und Weibchen füttern
Futtertyp	Körnerfresser

Phänologie

Zugverhalten	Standvogel
Ankunft im Brutgebiet	-
Gesang	Hauptgesangszeit März/April, später nachlassend, höchste Gesangsaktivität in den frühen Morgenstunden
Aktivitätszeit	tagaktiv

Haubenmeise

Brutbiologie

Brutort	überwiegend Nadelwald mit verschiedenen Altersklassen und hohem Totholzanteil, auf Friedhöfen, in Parks und alten Villengärten
Bruttyp	Höhlenbrüter (Nistkastentyp Höhlenbrüterkasten)
Lage des Nestes	selbstangelegte Höhlen in zersetztem Holz, in Spechthöhlen und Nistkästen
Paarbeziehung	monogame Dauerehe
Nestbau	Weibchen hackt Höhle und baut Nest
Brut	nur Weibchen brütet und wird vom Männchen gefüttert
Legebeginn	Ende März, meist aber Anfang bis Ende April
Brutdauer	(14) 15-17 (18) Tage
Bruthäufigkeit	1-2 Jahresbruten
Gelegegröße	(4) 5-8 (9) Eier
Nestlingsdauer	(18) 19-21 (23) Tage
Fütterung der Jungvögel	Männchen und Weibchen füttern
Futtertyp	Körnerfresser

Phänologie

Zugverhalten	Standvogel
Ankunft im Brutgebiet	-
Gesang	hohe Gesangsaktivität in den Morgenstunden
Aktivitätszeit	tagaktiv

Star

Brutbiologie

Brutort	im Siedlungsbereich, in Randlagen und innerhalb von Wäldern sowie Feldgehölzen, Streuobstwiesen, Alleen
Bruttyp	Höhlenbrüter (Nistkastentyp Höhlenbrüterkasten)
Lage des Nestes	in Astlöchern, Spechthöhlen, Nistkästen sowie in Mauerspalten oder unter Dachziegeln
Paarbeziehung	monogame Saisonehe
Nestbau	zumeist durch das Weibchen
Brut	hauptsächlich durch das Weibchen
Legebeginn	Anfang April (in Städten), Ende April sowie weiterer Legebeginn bis Mitte Juni
Brutdauer	11-13 Tage
Bruthäufigkeit	1-2 Jahresbruten
Gelegegröße	(3) 4-7 (8) Eier
Nestlingsdauer	(16) 19-24 Tage
Fütterung der Jungvögel	Männchen und Weibchen füttern und führen Junge noch 4-5 Tage
Futtertyp	Weichfutterfresser

Phänologie

Zugverhalten	Teil- und Kurzstreckenzieher
Ankunft im Brutgebiet	März
Gesang	ganztägig
Aktivitätszeit	tagaktiv

Haussperling

Brutbiologie

Brutort	im Siedlungsbereich, vor allem in bäuerlich geprägten Dörfern, in Grünanlagen sowie an Einzelgebäuden, an Fels- und Erdwänden
Bruttyp	Höhlen- und Nischenbrüter, selten Freibrüter (Nistkastentyp Höhlenbrüterkasten und Spatzenhaus)
Lage des Nestes	in Nischen und Spalten von Gebäuden, in Nistkästen, Stallanlagen und Bahnhöfen sowie an Sonderstandorten (Storchennester, Straßenlampen)
Paarbeziehung	meist monogame Dauerehe, Bigynie nicht selten
Nestbau	durch Männchen und Weibchen
Brut	durch Männchen und Weibchen
Legebeginn	Ende März bis Anfang August
Brutdauer	11-12 Tage
Bruthäufigkeit	meist 3 Jahresbruten
Gelegegröße	(2) 4-6 (7) Eier
Nestlingsdauer	meist 17 Tage
Fütterung der Jungvögel	durch Männchen und Weibchen
Futtertyp	Körnerfresser

Phänologie

Zugverhalten	Standvogel
Ankunft im Brutgebiet	-
Gesang	ab Dezember mit zunehmender Intensität, beginnend ca. 20 Minuten vor Sonnenaufgang, von da an bis späten Vormittag höchste Aktivität
Aktivitätszeit	tagaktiv

Feldsperling

Brutbiologie

Brutort	in lichten Wäldern und an Waldrändern, in halboffenen gehölzreichen Landschaften sowie in strukturreichen Dörfern und Stadtlebensräumen
Bruttyp	Höhlenbrüter, selten Freibrüter (Nistkastentyp Höhlenbrüterkasten)
Lage des Nestes	in Baumhöhlen, Gebäuden, Nistkästen sowie an Sonderstandorten (Storchnester, Betonmasten)
Paarbeziehung	monogame Saisonehe, Dauerehe, Bigynie
Nestbau	durch Männchen und Weibchen
Brut	durch Männchen und Weibchen
Legebeginn	Anfang April bis Anfang August, meist Mitte April bis Anfang Mai
Brutdauer	11-14 Tage
Bruthäufigkeit	1-3 Jahresbruten
Gelegegröße	3-7(8) Eier
Nestlingsdauer	15-20 Tage
Fütterung der Jungvögel	durch Männchen und Weibchen
Futtertyp	Körnerfresser

Phänologie

Zugverhalten	Standvogel
Ankunft im Brutgebiet	-
Gesang	höchste Gesangsintensität nach Sonnenaufgang bis späten Vormittag
Aktivitätszeit	tagaktiv

Hausrotschwanz

Brutbiologie

Brutort	in menschlichen Siedlungen
Bruttyp	Nischenbrüter (Nistkastentyp Halbhöhlenbrüterkasten)
Lage des Nestes	in Nischen, Halbhöhlen oder auf gedeckten Simsen
Paarbeziehung	monogame Saisonehe, Bigynie regelmäßig
Nestbau	durch das Weibchen
Brut	nur Weibchen brütet
Legebeginn	von Mitte April bis Ende Mai
Brutdauer	12-14 (20) Tage
Bruthäufigkeit	1-2 (3) Jahresbruten
Gelegegröße	(3) 4-6 (7) Eier
Nestlingsdauer	(13) 15-17 (19) Tage
Fütterung der Jungvögel	Männchen und Weibchen füttern bis zu 10 Tagen nach Verlassen des Nestes

Phänologie

Zugverhalten	Kurz- und Mittelstreckenzieher
Ankunft im Brutgebiet	ab Mitte März / Anfang April bis spätestens Ende April/ Anfang Mai
Gesang	Mitte März bis Ende Juli und Anfang September bis Ende Oktober, beginnt 1-2 Std vor Sonnenaufgang
Aktivitätszeit	tag-, aber auch dämmerungsaktiv

Grauschnäpper

Brutbiologie

Brutort	lichte Wälder, v. a. an Rändern und Lichtungen, in halboffenen Kulturlandschaften und in Siedlungsräumen
Bruttyp	Halbhöhlen- und Nischenbrüter (Nistkastentyp Halbhöhlenbrüterkasten)
Lage des Nestes	Nest an Stammausschlägen, Astlöchern, Baumstämmen und in Rankenpflanzen sowie in Mauerlöchern, auf Dachträgern und in Nistkästen
Paarbeziehung	monogame sukzessive Bigynie
Nestbau	Nistplatzwahl und Nestbau durch das Weibchen
Brut	nur Weibchen brütet
Legebeginn	witterungsabhängig, selten ab Mitte Mai, meist ab Ende Mai
Brutdauer	11-15 Tage
Bruthäufigkeit	1-2 Jahresbruten
Gelegegröße	(2) 4-5 (6) Eier
Nestlingsdauer	12-16 (19) Tage
Fütterung der Jungvögel	durch Männchen und Weibchen

Phänologie

Zugverhalten	Langstreckenzieher
Ankunft im Brutgebiet	Anfang Mai bis Ende Mai
Gesang	Hauptgesangsperiode Mitte Mai bis Mitte Juni, hohe Gesangaktivität in den frühen Morgenstunden
Aktivitätszeit	tagaktiv

Trauerschnäpper

Brutbiologie

Brutort	Wälder mit alten Bäumen und ausreichendem Höhlenangebot sowie im Siedlungsbereich, v.a. auf Friedhöfen, Parks und Obstanlagen
Bruttyp	Höhlen- und Halbhöhlenbrüter (Nistkastentyp Höhlenbrüterkasten)
Lage des Nestes	bevorzugt Nistkästen, aber auch natürliche Höhlen
Paarbeziehung	meist monogame Saisonehe, regelmäßig auch polytemtonale Polygynie
Nestbau	Weibchen wählt Männchen mit Nisthöhle und baut Nest
Brut	nur Weibchen brütet und hudert
Legebeginn	ab Ende April
Brutdauer	(11) 12-17 Tage
Bruthäufigkeit	1 Jahresbrut
Gelegegröße	(3) 6-7 (9) Eier
Nestlingsdauer	16 (-18) Tage
Fütterung der Jungvögel	Männchen und Weibchen füttern und führen Junge noch 8 Tage

Phänologie

Zugverhalten	Langstreckenzieher
Ankunft im Brutgebiet	Mitte April bis Mitte Mai
Gesang	Hauptgesangsperiode Ende April bis Mitte Mai, hohe Gesangsaktivität in den Morgenstunden
Aktivitätszeit	tagaktiv

Halsbandschnäpper

Brutbiologie

Brutort	struktur- und nischenreiche Altholzbestände in Laubwäldern und extensiv genutzte Streuobstwiesen sowie im Siedlungsbereich
Bruttyp	Höhlenbrüter (Nistkastentyp Höhlenbrüterkasten)
Lage des Nestes	in natürlichen Höhlen und in Bäumen wie z. B. Stieleichen und Obstbäumen, gegenwärtig bei uns meist in Nisthilfen
Paarbeziehung	monogame Saisonehe, oft Polygynie und selten Polyandrie
Nestbau	durch das Weibchen
Brut	nur Weibchen brütet und hudert
Legebeginn	ab Ende April bis Mitte Mai
Brutdauer	12-14 (15) Tage
Bruthäufigkeit	1 Jahresbrut
Gelegegröße	(3) 4-7 (8) Eier
Nestlingsdauer	15-19 tage
Fütterung der Jungvögel	Männchen und Weibchen füttern

Phänologie

Zugverhalten	Langstreckenzieher
Ankunft im Brutgebiet	Mitte April bis Mitte Mai
Gesang	v. a. Mitte April bis Mitte Mai, hauptsächlich während der Dämmerung und am Vormittag
Aktivitätszeit	tagaktiv

Kleiber

Brutbiologie

Brutort	in Siedlungsnähe in Parkanlagen, Gärten und Alleen sowie in strukturreichen Laub- und Mischwäldern mit hohem Eichenanteil
Bruttyp	Höhlenbrüter (Nistkastentyp Höhlenbrüterkasten)
Lage des Nestes	in Baumhöhlen, Mauerlöchern und Nistkästen
Paarbeziehung	monogame Saisonehe, auch längere Verpaarung
Nestbau	durch das Weibchen
Brut	Weibchen brütet und wird vom Männchen gefüttert
Legebeginn	ab Ende März, meist aber Mitte April bis Ende Mai
Brutdauer	15-19 Tage
Bruthäufigkeit	1 Jahresbrut
Gelegegröße	(5) 6-7 (10) Eier
Nestlingsdauer	23-26 Tage
Fütterung der Jungvögel	Männchen und Weibchen füttern
Futtertyp	Körnerfresser

Phänologie

Zugverhalten	Standvogel
Ankunft im Brutgebiet	-
Gesang	von Dezember bis Mai, hauptsächlich im Februar-April, nimmt mit Nestbau und Eiablage stark ab, dann nur noch Lock- und Warnlaute, höchste Gesangsaktivität in den frühen Morgenstunden
Aktivitätszeit	tagaktiv

Zaunkönig

Brutbiologie

Brutort	im strukturreichen Siedlungsbereich und in unterholzreichen Laub- und Mischwäldern, Bruchwäldern und Ufergehölzen
Bruttyp	Frei- bzw. Nischenbrüter (Nistkastentyp Halbhöhlenbrüterkasten)
Lage des Nestes	Neststand vielfältig, z.B. Wurzelwerk am Bachufer, Wurzelteller umgestürzter Bäume oder zwischen Rankenpflanzen
Paarbeziehung	monogame Brut und seltene Saisonehe, öfters Polygynie
Nestbau	Männchen baut mehrere Wahlnester, Weibchen wählt aus
Brut	nur Weibchen brütet und hudert
Legebeginn	ab Anfang April, meist Mitte April bis Anfang Mai
Brutdauer	13-15 (19) Tage
Bruthäufigkeit	2 Jahresbruten
Gelegegröße	(4) 5-7 (8) Eier
Nestlingsdauer	15-19 Tage
Fütterung der Jungvögel	durch Männchen und Weibchen, bis 18 Tage im Nest
Futtertyp	Weichfutterfresser, Fettfutterfresser

Phänologie

Zugverhalten	Teilzieher; dann Kurzstreckenzieher
Ankunft im Brutgebiet	-
Gesang	ganztägig
Aktivitätszeit	tag- und dämmerungsaktiv

Gartenrotschwanz

Brutbiologie

Brutort	strukturreiche Kulturlandschaften, lichte Altholzbestände und alte Weidenauwälder sowie in gehölzreichen Siedlungen und Parks
Bruttyp	Halbhöhlen- und Freibrüter (Nistkastentyp Höhlenbrüterkasten)
Lage des Nestes	in Bäumen, Nistkästen, Gebäudenischen und selten Bodenbrüten in trockenen Waldpartien
Paarbeziehung	monogame Saisonehe, regelmäßig Bigynie
Nestbau	durch das Weibchen
Brut	durch das Weibchen
Legebeginn	Mitte April bis Mitte Mai
Brutdauer	(11) 12-14 (16) Tage
Bruthäufigkeit	1-2 Jahresbruten
Gelegegröße	(3) 6-7 (9) Eier
Nestlingsdauer	(12) 13-15 (17) Tage
Fütterung der Jungvögel	durch Männchen und Weibchen

Phänologie

Zugverhalten	Langstreckenzieher
Ankunft im Brutgebiet	Ende März bis Anfang Mai
Gesang	Beginn oft lange vor Sonnenaufgang
Aktivitätszeit	tagaktiv

Wendehals

Brutbiologie

Brutort	in aufgelockerten Wäldern in Nachbarschaft zu offenen Flächen und in Kulturlandschaften mit Streuobstwiesen, Feldgehölzen und strukturreichen Gärten
Bruttyp	Höhlenbrüter (Nistkastentyp Höhlenbrüterkasten)
Lage des Nestes	baut nicht selbst, nutzt Specht- und andere Baumhöhlen sowie Nistkästen
Paarbeziehung	monogame Saisonehe
Nestbau	-
Brut	durch Männchen und Weibchen
Legebeginn	selten Ende April/ Anfang Mai , meist ab Mitte Mai bis Anfang Juni
Brutdauer	11-14 Tage
Bruthäufigkeit	1-2 Jahresbruten (je nach Ameisen-Angebot)
Gelegegröße	(5) 6-10 (12) Eier
Nestlingsdauer	(19) 20-22 (25) Tage
Fütterung der Jungvögel	durch Männchen und Weibchen

Phänologie

Zugverhalten	Langstreckenzieher
Ankunft im Brutgebiet	Mitte April bis Mitte Mai
Gesang	ganztägig
Aktivitätszeit	tagaktiv, zieht überwiegend Nachts

Gartenbaumläufer

Brutbiologie

Brutort	in Parks und Gärten von Siedlungen und in lichten Laub- und Mischwäldern mit grobborkigen Bäumen
Bruttyp	Höhlenbrüter (Nistkastentyp Höhlenbrüterkasten und Baumläufer-Kasten)
Lage des Nestes	in Ritzen und Spalten, hinter abstehender Borke, in Baumhöhlen, selten an Gebäuden und in speziellen Nistkästen
Paarbeziehung	monogame Saisonehe
Nestbau	durch das Weibchen
Brut	Weibchen brütet und wird vom Männchen gefüttert
Legebeginn	ab Ende März/Anfang April, aber meist Mitte/Ende April
Brutdauer	(14) 17-18 Tage
Bruthäufigkeit	1-2 Jahresbruten
Gelegegröße	(4) 5-6 (7) Eier
Nestlingsdauer	16-18 Tage
Fütterung der Jungvögel	Männchen und Weibchen füttern und führen Junge noch 1-3 Wochen
Futtertyp	Weichfutterfresser

Phänologie

Zugverhalten	Standvogel
Ankunft im Brutgebiet	-
Gesang	Hauptgesangszeit März bis Mai, ganztägig
Aktivitätszeit	tagaktiv

Waldbaumläufer

Brutbiologie

Brutort	in geschlossenen Wäldern mit Altholzbeständen und gelegentlich in großen Parkanlagen innerhalb von Siedlungen
Bruttyp	Höhlenbrüter (Nistkastentyp Höhlenbrüterkasten und Baumläufer-Kasten)
Lage des Nestes	in Ritzen und Spalten, hinter abstehender Borke, in Baumhöhlen und in speziellen Nistkästen
Paarbeziehung	monogame Saisonehe, auch Bigynie
Nestbau	durch das Weibchen
Brut	Weibchen brütet und wird vom Männchen gefüttert
Legebeginn	ab Ende März/Anfang April, aber meist Mitte April bis Anfang Mai
Brutdauer	13-15 (16) Tage
Bruthäufigkeit	1-2 Jahresbruten
Gelegegröße	(4) 5-6 (7) Eier
Nestlingsdauer	17-18 Tage
Fütterung der Jungvögel	Männchen und Weibchen füttern und führen Junge noch 8-10 Tage
Futtertyp	Weichfutterfresser

Phänologie

Zugverhalten	Standvogel
Ankunft im Brutgebiet	-
Gesang	Hauptgesangszeit Ende März bis Ende Mai, ganztägig
Aktivitätszeit	tagaktiv

Bachstelze

Brutbiologie

Brutort	an Flüssen und Bächen, in naturnahen, offenen und halboffenen sowie in agrarisch genutzten Landschaften, Dörfern, Brach- und Abbauflächen
Bruttyp	Halbhöhlen- und Nischenbrüter (Nistkastentyp Halbhöhlenbrüterkasten)
Lage des Nestes	bevorzugt an Gebäuden und anderen Bauwerken, am Boden, auf Bäumen und in Materialstapeln
Paarbeziehung	monogame Saisonehe
Nestbau	überwiegend durch Weibchen
Brut	durch Weibchen
Legebeginn	ab Anfang April, meist Ende April bis Anfang Mai
Brutdauer	(11) 12-14 (16) Tage
Bruthäufigkeit	2-3 Jahresbruten
Gelegegröße	(3) 4-6 (7) Eier
Nestlingsdauer	13-14 Tage
Fütterung der Jungvögel	Männchen und Weibchen füttert bis zu 7 Tagen nach Verlassen des Nestes

Phänologie

Zugverhalten	Kurzstreckenzieher
Ankunft im Brutgebiet	ab Ende Februar (im Süden: Anfang Februar), meist Anfang bis Ende März
Gesang	ganztägig
Aktivitätszeit	tag- und dämmerungsaktiv

Gebirgsstelze

Brutbiologie

Brutort	an Bächen und Flüssen vom Gebirge bis ins Tiefland, in strukturreichen Ufersäumen und an Gewässern in Parks
Bruttyp	Nischen- und Höhlenbrüter (Nistkastentyp Halbhöhlenbrüterkasten)
Lage des Nestes	an Uferböschungen, Mauernischen und in Nistkästen
Paarbeziehung	monogame Saisonehe
Nestbau	durch das Weibchen
Brut	durch Männchen und Weibchen
Legebeginn	Mitte März, meist aber April bis Anfang Mai
Brutdauer	11-14 Tage
Bruthäufigkeit	2-3 Jahresbruten
Gelegegröße	(3) 4-6 (7) Eier
Nestlingsdauer	(11) 12-13 (16) Tage
Fütterung der Jungvögel	Durch Männchen und Weibchen

Phänologie

Zugverhalten	Teilzieher (Mittel- bis Kurzstreckenzieher)
Ankunft im Brutgebiet	im Süden ab März und im Norden Mitte März bis Mitte April
Gesang	ganztägig
Aktivitätszeit	tagaktiv

Wasseramsel

Brutbiologie

Brutort	schnellfließende Bäche und Flüsse, mitunter auch an geeigneten Gewässern im Siedlungsbereich
Bruttyp	Halbhöhlenbrüter, selten Freibrüter (Nistkastentyp Halbhöhlenbrüterkasten)
Lage des Nestes	direkt über Gewässer zwischen Baumwurzeln, in Fels- und Mauerlöchern, auf Brückenträgern, Nistkästen und selten frei auf Felsen aufgesetzt
Paarbeziehung	monogame Saisonehe, auch Bigynie möglich
Nestbau	durch Männchen und Weibchen
Brut	durch das Weibchen
Legebeginn	Februar, aber meist erst im März (in Hochlagen später)
Brutdauer	14-18 Tage
Bruthäufigkeit	2 Jahresbruten
Gelegegröße	4-6 Eier
Nestlingsdauer	18-25 Tage
Fütterung der Jungvögel	durch Männchen und Weibchen

Phänologie

Zugverhalten	Stand- und Strichvogel
Ankunft im Brutgebiet	-
Gesang	ganztägig, auch im Winter zu hören, am intensivsten aber von Februar bis März
Aktivitätszeit	tagaktiv

Mehlschwalbe

Brutbiologie

Brutort	im Siedlungsbereich sowie Felslandschaften in Gebirgen oder an Küsten
Bruttyp	Fels- und Gebäudebrüter, Koloniebrüter
Lage des Nestes	unter Vorsprüngen, in Kunstnestern, Bauwerken jeder Art
Paarbeziehung	monogame Saisonehe
Nestbau	durch Männchen und Weibchen
Brut	durch Männchen und Weibchen
Legebeginn	Anfang/Mitte Mai bis Mitte Juli
Brutdauer	13-16 Tage
Bruthäufigkeit	1-2 Jahresbruten
Gelegegröße	(2) 4-5 (7) Eier
Nestlingsdauer	23-30 (40) Tage (stark witterungsabhängig)
Fütterung der Jungvögel	durch Männchen und Weibchen

Phänologie

Zugverhalten	Langstreckenzieher
Ankunft im Brutgebiet	Ende April bis Anfang Mai
Gesang	ganztägig
Aktivitätszeit	tagaktiv

Rauchschwalbe

Brutbiologie

Brutort	im Siedlungsbereich, v. a. in von bäuerlich geprägten Dörfern mit Viehstallhaltung sowie im Offenland unter Brücken
Bruttyp	Nischenbrüter (Nisthilfentyp Rauchschwalbenbrett)
Lage des Nestes	in frei zugänglichen Gebäuden, wie Ställen und Schuppen sowie in Nischen und auf Mauervorsprüngen
Paarbeziehung	monogame Saisonehe
Nestbau	durch Männchen und Weibchen
Brut	nur Weibchen brütet
Legebeginn	Anfang Mai bis Anfang Juni
Brutdauer	12-16 Tage
Bruthäufigkeit	1-3 Jahresbruten
Gelegegröße	2-6 Eier
Nestlingsdauer	20-24 Tage (stark witterungsabhängig)
Fütterung der Jungvögel	durch Männchen und Weibchen

Phänologie

Zugverhalten	Langstreckenzieher
Ankunft im Brutgebiet	Ende März, meist aber Anfang April
Gesang	ganztägig
Aktivitätszeit	tagaktiv (stark witterungsaktiv)

Mauersegler

Brutbiologie

Brutort	im Bereich von Dörfern und Städten, ursprünglich Bewohner von Felslandschaften
Bruttyp	Höhlenbrüter und Koloniebrüter (Nistkastentyp Mauerseglerkasten)
Lage des Nestes	Dach- und Mauerbereiche an Gebäuden, Nistkästen, Baumhöhlen
Paarbeziehung	monogame Saisonehe
Nestbau	durch Männchen und Weibchen
Brut	durch Männchen und Weibchen
Legebeginn	Anfang/Mitte Mai bis Mitte Juni
Brutdauer	18-22 Tage
Bruthäufigkeit	1 Jahresbrut
Gelegegröße	(1) 2-3 (4) Eier
Nestlingsdauer	37-56 Tage
Fütterung der Jungvögel	durch Männchen und Weibchen

Phänologie

Zugverhalten	Langstreckenzieher
Ankunft im Brutgebiet	Ende April bis Mitte Mai
Gesang	ganztägig, morgens und abends im Schwarmflug
Aktivitätszeit	tagaktiv, bis in die Abenddämmerung

Turmfalke

Brutbiologie

Brutort	im Siedlungsbereich, an Waldrändern sowie in halboffenen und offenen Landschaften aller Art mit Feldgehölzen oder Einzelbäumen
Bruttyp	Gebäude-, Baum- und Felsenbrüter (Nistkastentyp Turmfalkenkasten)
Lage des Nestes	in Halbhöhlen, mehr oder weniger geschlossenen Nistkästen, Krähen- und Elsternestern
Paarbeziehung	monogame Saisonehe
Nestbau	-
Brut	nur Weibchen brütet
Legebeginn	Ende März bis Mitte Mai, hauptsächlich Mitte bis Ende April
Brutdauer	27-32 Tage
Bruthäufigkeit	1 Jahresbrut
Gelegegröße	(3) 4-6 (7) Eier
Nestlingsdauer	27-32 Tage
Fütterung der Jungvögel	überwiegend durch Männchen, Bettelflugphase aber noch mindestens 4 Wochen nach Verlassen des Nestes

Phänologie

Zugverhalten	Mittel- und Kurzstreckenzieher sowie Überwinterung im Brutgebiet
Ankunft im Brutgebiet	März/April
Gesang	-
Aktivitätszeit	tagaktiv, auch Jagd in später Dämmerung

Dohle

Brutbiologie

Brutort	überwiegend im Siedlungsbereich in Dörfern, aber auch in Großstädten, in Altholzbeständen sowie Felswänden
Bruttyp	Höhlenbrüter/Gebäudebrüter, Einzel- und Koloniebrüter (Nistkastentyp Höhlenbrüterkasten und Dohlenkasten)
Lage des Nestes	in Nischen von Felswänden und Gebäuden, Schächten , Schornsteinen sowie Baumhöhlen
Paarbeziehung	monogame Dauerehe
Nestbau	durch Männchen und Weibchen
Brut	durch das Weibchen
Legebeginn	Ende März bis Anfang April, meist Mitte April bis Ende Mai
Brutdauer	16-19 Tage
Bruthäufigkeit	1 Jahresbrut
Gelegegröße	4-7 Eier
Nestlingsdauer	30-35 Tage
Fütterung der Jungvögel	Überwiegend durch Männchen, noch bis 4 Wochen nach Ausfliegen der Jungen

Phänologie

Zugverhalten	Standvogel und Kurz- bis Mittelstreckenzieher
Ankunft im Brutgebiet	-
Gesang	ganztägig
Aktivitätszeit	Tagaktiv

Schleiereule

Brutbiologie

Brutort	in Siedlungen mit Anschluss an offene Grünland- und Grünland-Ackergebiete mit lockerer Feldgehölzstruktur und Gewässern
Bruttyp	Halbhöhlenbrüter (Nistkastentyp Schleiereulen-Kasten)
Lage des Nestes	in störungsarmen, dunklen Nischen mit freiem Anflug in Gebäuden und speziellen Nistkästen
Paarbeziehung	monogame Saison- bzw. Dauerehe, auch Polygamie möglich
Nestbau	-
Brut	Weibchen brütet und wird vom Männchen gefüttert
Legebeginn	ab Anfang März, aber meist Ende März/Anfang April bis Anfang Mai, Spätbruten im Oktober/Dezember möglich
Brutdauer	30-34 Tage
Bruthäufigkeit	1-2 (3) Jahresbruten je nach Nahrungsangebot
Gelegegröße	4-7 Eier, in guten Mäusejahren bis 12 Eier und mehr
Nestlingsdauer	40 Tage, flügge mit 60 Tagen
Fütterung der Jungvögel	Männchen und Weibchen füttern

Phänologie

Zugverhalten	Standvogel
Ankunft im Brutgebiet	-
Gesang	-
Aktivitätszeit	dämmerungs- und nachtakriv, tagsüber ruhend

Steinkauz

Brutbiologie

Brutort	Siedlungsbereich mit strukturreichen Gärten, Streuobstwiesen und Weidelandschaften sowie in Dörfern mit Altbaumbestand
Bruttyp	Höhlen- und Halbhöhlenbrüter (Nistkastentyp Steinkauzröhre)
Lage des Nestes	in Baumhöhlen, Mauer- und Dachnischen sowie in Spezialnistkästen
Paarbeziehung	monogame Dauerehe
Nestbau	-
Brut	nur Weibchen brütet
Legebeginn	selten ab Ende März, überwiegend ab Mitte/Ende April bis Mitte Mai
Brutdauer	24-28 Tage
Bruthäufigkeit	1 Jahresbrut
Gelegegröße	3-5 (7) Eier
Nestlingsdauer	30-35 Tage
Fütterung der Jungvögel	Männchen und Weibchen füttern bis zu 5 Wochen nach Verlassen des Nestes

Phänologie

Zugverhalten	Standvogel
Ankunft im Brutgebiet	-
Gesang	Ende Februar bis Mitte April/Anfang Mai, durch Männchen, vor allem nach Sonnenuntergang bis Mitternacht und in den frühen Morgenstunden
Aktivitätszeit	dämmerungsaktiv, in der Brutzeit 2 Std vor und nach Sonnenuntergang

Waldkauz

Brutbiologie

Brutort	im Siedlungsbereich und lichten Laub- und Mischwäldern
Bruttyp	überwiegend Höhlenbrüter (Nistkastentyp Höhlenbrüterkasten)
Lage des Nestes	Baumhöhlen, aber auch Gebäudenischen, Dachböden, alte Greifvogelhorste oder in Fels- und Erdhöhlen, Nistkästen nicht zwingend notwendig
Paarbeziehung	monogame Dauerehe
Nestbau	-
Brut	Weibchen brütet und hudert, wird vom Männchen versorgt
Legebeginn	ab Ende Januar bis Anfang Februar, v. a. ab Anfang bis Ende März
Brutdauer	28-29 Tage
Bruthäufigkeit	1 Jahresbrut
Gelegegröße	(2) 3-5 (6) Eier
Nestlingsdauer	29-35 Tage, aber Jungvögel erst mit 6 - 7 Wochen flügge
Fütterung der Jungvögel	durch Männchen und Weibchen (oft auch mit Singvögeln!)

Phänologie

Zugverhalten	Standvogel
Ankunft im Brutgebiet	-
Gesang	in der späten Dämmerung bis in die Dunkelphase
Aktivitätszeit	dämmerungs- und nachtaktiv

Rotkehlchen

Brutbiologie

Brutort	Gärten, Wälder, Parks, auch offenes Gelände
Bruttyp	Bodenbrüter / Nischenbrüter (Nistkastentyp Halbhöhlenbrüterkasten)
Lage des Nestes	in Bodenmulden unter Grasbüscheln, Laub, Wurzeln, in Nischen und Halbhöhlen, auch im Siedlungsraum
Paarbeziehung	monogame Saisonehe, mitunter Bigynie
Nestbau	durch das Weibchen
Brut	nur Weibchen brütet
Legebeginn	Anfang bis Mitte April
Brutdauer	12-15 Tage
Bruthäufigkeit	2-3 Jahresbruten
Gelegegröße	(3) 5-7 (8) Eier
Nestlingsdauer	13-15 Tage
Fütterung der Jungvögel	Männchen und Weibchen füttern bis zu 3 Wochen nach Verlassen des Nestes
Futtertyp	Weichfutterfresser

Phänologie

Zugverhalten	Standvogel
Ankunft im Brutgebiet	-
Gesang	intensiver Gesang in früher Morgendämmerung, auch abends
Aktivitätszeit	tagaktiv

Richtig Füttern

Winter-Futterstellen locken Kleinvögel in Schwärmen an. Hier überwiegend Erlenzeisige

Das Füttern von Vögeln zur Winterzeit ist in Deutschland als Beitrag zum Vogelschutz seit langem beliebt. Die Herausforderungen und Aufgaben im Vogelschutz sind allerdings komplexer denn je, da die Erhaltung von Lebensräumen mit ihren natürlichen Ressourcen das vordringlichste Ziel ist, um die Bestände gefährdeter Arten vor weiteren Verlusten zu bewahren.

Hat Vogelfüttern damit heute ausgedient? Durch teilweise kontroverse Veröffentlichungen zu diesem Thema sind viele darüber verunsichert, ob das Füttern von Wildvögeln rund um Haus und Garten nun sinnvoll ist oder nicht. Hilft ein künstliches Futterangebot, den bedrohlichen Rückgang vieler Vogelarten zu stoppen? Welchen Beitrag kann Füttern zum Artenschutz tatsächlich leisten?

Gut zu wissen

Hierzu gibt es seitens des Naturschutzbundes Deutschland (NABU) und des Landesbundes für Vogelschutz (LBV) ein klares Bekenntnis für die Fütterung von Wildvögeln, sofern folgende Regeln beachtet werden:

- Die Vogelfütterung sollte sich auf die Wintermonate beschränken.
- Ein ganzjähriges Füttern von Wildvögeln ist aus Sicht des Artenschutzes nicht erforderlich und kein zielführendes Mittel zur Erhöhung der Artenvielfalt.
- Wildvögel sollten auch in einer vom Menschen stark geprägten Natur und Umwelt wie Wildtiere behandelt werden. Denn Wildvögel sind keine Haustiere und die Natur ist kein zoologischer Garten.
- Die Fütterung sollte sich auf das häusliche Umfeld beschränken. In der freien Landschaft müssen andere Maßnahmen zur Verbesserung und Erhaltung von Lebensräumen Vorrang haben.

Vögel füttern macht Spaß!

Aus der Nähe sind die meisten Vogelarten gewöhnlich nur selten zu beobachten. In der Hecke oder der Baumkrone sitzend sind unsere Singvögel aufgrund ihrer geringen Größe und ihrer Agilität nur schwer auszumachen. Zwar kann der Geübte die gefiederten Mitbewohner an Hand ihrer Rufe und Gesänge in Hof und Garten feststellen, aber dennoch glückt die Beobachtung der meisten Arten nur einen ganz kurzen Augenblick. Die Winterfütterung ist eine fantastische Möglichkeit, Vögel aus nächster Nähe zu erleben und die Artenvielfalt im eigenen Garten zu erhöhen. Aus einem Versteck oder vom Zimmerfenster aus können Kohlmeise und Co. unmittelbar am Futterhäuschen oder Meisenknödel beobachtet werden. Erst jetzt wird für viele Menschen, ob groß oder klein, die Farbenpracht und Eigenheit vieler Wintervögel deutlich. Wer hat den kräftigen, zimtfarbenen Kernbeißer mit seinem überdimensionalen Schnabel schon mal so nah wie am Futterhäuschen gesehen oder gar den ziegelroten Fichtenkreuzschnabel? Auch Grau-, Bunt- und Mittelspecht sowie der Gartenbaumläufer stellen sich am Fettkasten ein. Es ergibt sich die gute Möglichkeit Vögel kennen zu lernen und „Freundschaft" mit ihnen zu schließen. Das ist gut so, denn nur der, der die Vögel und ihre Gewohnheiten kennt, kann über die Winterfütterung hinaus etwas zu ihrem Schutz und zum Erhalt ihrer Lebensräume beitragen. Wenn auch die Winterfütterung unserer heimischen Vögel aus ökologischer Sicht nicht unbedingt erforderlich ist, so ist sie jedoch ein gutes pädagogisches Mittel, um vor allem Kinder an die Vogelbeobachtung und an den Vogelschutz heranzuführen.

Vögel am selbst gebastelten Häuschen füttern und beobachten macht einfach Spaß!

Welche Vögel kommen an meine Futterstelle?

Seit 2010 veranstalten der NABU und der LBV eine bundesweite Wintervogelzählung am ersten Januarwochenende. An der Mitmach-Aktion „Stunde der Wintervögel" beteiligten sich bereits im ersten Jahr mehr als 50.000 begeisterte Vogelfreunde!

Zwei Schwanzmeisen an Meisenknödel

Die Ergebnisse zeigen, dass Deutschlands Gärten im Winter ein wichtiger Anziehungspunkt für viele Vögel sind. Die meisten Beobachtungen sammelten die Teilnehmer an Futterstellen und zählten dabei mit Abstand am häufigsten die Kohlmeise.

Am weitesten verbreitet ist dagegen die vielleicht auch bekannteste Vogelart - die Amsel. Sie fehlt in nur fünf Prozent der Gärten. Hervorzuheben ist auch die recht große Zahl an Staren. Die „Stunde der Wintervögel" dokumentiert, dass dieser ursprüngliche Zugvogel mehr und mehr bei uns überwintert, besonders im Südwesten Deutschlands. Typische Wintergäste aus nördlichen Regionen, wie Erlenzeisige, Bergfinken und Seidenschwänze, wurden dagegen nicht so häufig festgestellt wie früher.
Besonderes Augenmerk gilt auch den Meldungen „neuartiger" Überwinterer, zu denen Mönchsgrasmücken und Hausrotschwänze zählen. Zunehmende Beobachtungen dieser Arten stehen vermutlich in Zusammenhang mit Klimaveränderungen.
Von den Meldungen erhofften sich die Verbände wertvolle Angaben darüber, welche Vögel in welchen Regionen Deutschlands überwintern, wie sich Klimaveränderungen auf die Vogelwelt auswirken und welche Bedeutung die beliebte Winterfütterung für Vögel tatsächlich hat.

Welche Vogelarten in welcher Häufigkeit in Ihrem Garten während der Winterfütterung beobachtet werden können, hängt natürlich von dem jeweiligen Wohnumfeld und der Landschaftsstruktur ab. In der norddeutschen Tiefebene ist die Artenzusammensetzung am Futterhaus anders als im Mittelgebirge oder gar in den Alpen. Insgesamt werden an der Futterstelle sicherlich Kohl- und Blaumeise mit am häufigsten beobachtet. In nadelholzreichen Gebirgslandschaften gesellen sich regelmäßig Tannen- und Haubenmeisen dazu. Buch- und Grünfinken, Dompfaffe und seltener auch Distelfinken sind an vielen Futterplätzen anzutreffen. Weichfutterfresser wie Rotkehlchen, Gartenbaumläufer und bei uns überwinternde Heckenbraunellen picken die Reste unter dem Futterhaus auf. Im Alpenraum und höheren Mittelgebirgsgegenden kommt gar der Tannenhäher ans Futterhaus. Sein Verwandter, der Eichelhäher, ist bei uns fast überall ein dominanter Gast an der „Wintertafel".

Grundsätzlich unterscheidet man unsere Singvögel in Körner- und Weichfresser. Typische Körnerfresser

Haubenmeise mit Futter im Schnabel

Das Rotkehlchen gehört zu den Weichfutterfressern

sind Finkenvögel wie Kernbeißer, Buch- und Grünfink, Stieglitz, Dompfaff, Erlen- und Birkenzeisig sowie Goldammer und der Kleiber. Auch Haus- und Feldsperling sind an ihren kräftigen Schnäbeln eindeutig als Körnerfresser zu identifizieren.

Zu den so genannten Weichfressern gehören u.a. Amsel, Wacholderdrossel, Rotdrossel, Star, Schwanzmeise, Zaunkönig, Rotkehlchen, Heckenbraunelle, Garten- und Waldbaumläufer sowie das Wintergoldhähnchen. Beim Beobachten der verschiedenen Vogelarten an den Futterstellen werden wir sowieso sehr bald feststellen, dass gerade die kleineren und schwächeren oder zarteren Arten, wie Schwanzmeisen, Wintergoldhähnchen, Zaunkönig und die beiden Baumläufer nur ganz selten einmal an die gut befüllten Futterhäuschen innerhalb der Städte und Dörfer kommen.
Je ausgewogener Ihre Futterrezepte sind, desto mehr Vogelarten finden Sie an Ihrer Futterstelle. Laden Sie Ihre Vögel ein!

Auf die richtige Futtermischung kommt es an!

Die Winterfütterung soll Ihnen Freude machen und verhindern, dass Vögel an Hunger leiden. Deshalb sollte man auf gutes Futter achten. Gutes Vogelfutter wird sowohl im Versandhandel als auch im Landwarenhandel, in Baumärkten und in Supermärkten angeboten. Dazu gehören auch Meisenringe und -Knödel, die aus Körnermischungen und Fett bestehen. Unbedingt auf die Qualität achten. „Billigprodukten" sollten Sie mit Misstrauen begegnen. Bei nicht zertifiziertem Vogelfutter sind oft Füllstoffe (Ausfall und Reste), die von den Vögeln nicht gefressen werden, enthalten. Nicht selten sind in unkontrolliertem Vogelfutter Fremdsamen aus anderen Ländern (Osteuropa, Nordamerika) enthalten, die bei Ausfall zu einer Florenverfälschung führen können. Der Samen wird unter Umständen von den Vögeln weit verbreitet. Besonders problematisch ist Ambrosia (Ambrosia artemisiifolia), die sich über die Beimischung im Vogelfutter invasionsartig ausbreiten kann. Die winzigen Pollen der Ambrosia können zu starken allergischen Reaktionen bis hin zu Asthmaanfällen führen. Deshalb ist sehr wichtig, dass Vogelfutter mehrfach gereinigt und damit alle „schädlichen" Fremdsamen entfernt werden. Es ist wichtig, dass im Futter nur Zutaten sind, die den Vögeln auch wirklich nutzen. Eine Zertifizierung des Futters durch Vogelschutzorganisationen soll Wert und die Qualität sichern. Dazu gehört auch, dass der Ölgehalt (Kcal-Gehalt) des Futters in den einzelnen Zutaten genau bekannt ist. Also: Augen auf beim Futterkauf!

Winterfutter selbst gemacht

Nyjer-Samen

Mischfutter

Sonnenblumenkerne

Wer Sonnenblumen ziehen kann, hat die Möglichkeit, einen Teil des Winterbedarfs an Körnern mit geringem Aufwand selbst zu gewinnen. Im Frühjahr werden die Samen ausgelegt und in beachtlich kurzer Zeit erwächst daraus im Sommer ein Blumenschmuck, an dem man auch im kleinsten Vorgarten oder Balkon immer wieder seine Freude hat. Wenn dann die Samen zu reifen beginnen und die ersten Meisen sich daran zu schaffen machen, ist es Zeit, die verwelkten Blüten mit alten Vorhangstoffen oder dünnem Sackleinen zuzubinden. Nach einigen Wochen sind auch die kleineren Körner in der Mitte der Blüte ausgereift. Dann werden die Sonnenblumen geköpft und mit den Tüchern an langen Schlingen mäusesicher auf dem Speicher aufgehängt. Bald lassen sich die Körner aus dem welk gewordenen Blütenboden mühelos herausdrücken. Sie werden noch ein paar Tage zum Trocknen ausgebreitet und in durchlüfteten Blechbehältern für den Winter aufbewahrt.

Körnergemische

Sie sollten aus Sonnenblumenkernen und Hanfkörnern bestehen. Beide Samen sind wegen ihres hohen Ölgehaltes u.a. bei Finken, Sperlingen und Ammern sehr beliebt. Weitere Beimischungen: Hirse, Mohn, Distelsamen, Bucheckern, Getreidekörner und zerkleinerte Haselnüsse.

Weichfutter

Weichfresser wie Rotkehlchen, Amsel, Stare und Zaunkönige nehmen vor allem Haferflocken, aber auch Mohn oder Rosinen als Zusatznahrung an. Von Amseln und Wacholderdrosseln werden am Boden liegende Äpfel sehr gerne gefressen.

Körner-Fett-Gemische

Ein beliebtes und energiereiches Futter kann aus zwei Teilen Rindertalg (über den Metzger als Schlachtabfall-

Hirse

Sonnenblumenkerne

produkt zu beziehen) bzw. Pflanzenfett und einem Teil Weizenkleie hergestellt werden. Dafür werden in das erhitzte und geschmolzene Fett die Weizenkleie und eventuell andere Sämereien eingerührt. Ein Schuss Salatöl bewirkt, dass die Masse auch bei Kälte nicht hart und brüchig wird. Wenn Sie 5-6 Teile Talg auf 1 Teil Weizenkleie geben, können Sie die gießfähige Masse für Baumläufer, Schwanzmeisen und Spechte an die rissige Borke alter Bäume streichen.

Für am Boden fressende Vögel kann eine Körner- bzw. Haferflocken-Fettmischung in flache Schalen oder Blumentopfuntersetzer gegossen und an wettergeschützten Futterplätzen aufgestellt werden.

Zur Verwendung in Verbindung mit einer Futterglocke oder einem Fettkasten schmelzen Sie ausgelassenes und ungesalzenes Rinderfett. Geben Sie pro 500 Gramm 2-3 Esslöffel Speiseöl dazu. Dann rühren Sie die doppelte Menge an Körnern (Sonnenblumenkörner, Hanf und Mohn) unter. Vor dem Erkalten gießen Sie den Futterbrei in die Gefäße, die sie nach dem Abkühlen aufhängen können.

Was Sie nicht füttern sollten:
Salzhaltiges wie Brot, Brötchen oder z.B. Wurst-, Schinken-, Speck- und Käsereste.

Ebenso wenig geeignet ist reines Fett in Form von Butter oder Margarine oder Futter, das durchfriert, z. B. kleine Apfelstücke (Äpfel im Ganzen auslegen, die Vögel picken sich Stückchen ab).

Hygiene am Futterplatz

An Futterstellen drängen sich auf engstem Raum Vögel in beträchtlicher Arten- und Individuenzahl „unnatürlich“ zusammen. Dadurch erhöht sich die Gefahr, dass ansteckende Krankheiten übertragen werden. Die Kotverschmutzung des Futters und des evtl. gleichzeitig angebotenen Trinkwassers ist der ursächliche „Krankheitsherd“. Vor allem Finkenvögel können an gut frequentierten Futterhäusern an einer Salmonelleninfektion erkranken. Betroffen sind vor allem Jungvögel. Das Zustandekommen eines eigenen Infektionskreislaufes ist nur so zu erklären, dass einzelne latent infizierte Vögel durch ihre Ausscheidungen die Futterstellen verschmutzen. Die ausgeschiedenen Erreger vermehren sich, es kommt zur Anreicherung und damit zu einem erhöhten Infektionsrisiko.

Ein Blumentopf dient als Futterglocke

Tote Vögel, die an Winterfutterstellen liegen, sind fast immer Opfer der gefährlichen Salmonellose. Sie wird durch bestimmte Bakterienarten – die Salmonellen – hervorgerufen, deren giftige Stoffwechselprodukte zum Tod der Vögel führen. Befallene Individuen bekommen starken Durchfall, der häufig blutig ist. Ihr Aftergefieder verklebt. Im Schnabel bildet sich Schleim. Die Vögel sitzen apathisch herum, mit aufgeplustertem Gefieder – scheinbar „zahm“. Der Tod kann schon nach einigen Stunden eintreten. Mit dem Kot werden die Erreger ausgeschieden. Deshalb können sich die winterlichen Futterstellen durch Verschmutzung der Nahrung sehr schnell zu gefährlichen Infektionsherden entwickeln. Von dort verbreitet sich die Seuche rasch weiter. Sie macht sich besonders im Spätwinter und Vorfrühling bemerkbar und wird durch milde Witterung begünstigt. Finkenvögel, wie bereits erwähnt – namentlich Dompfaffen, Erlenzeisige und Grünfinken – fallen ihr zum Opfer. Vor allem auf feuchtem Vogelfutter, das beispielsweise durch Schnee oder Regen aufgeweicht worden ist, finden Krankheitserreger beste

Lebensbedingungen. Nicht nur deshalb ist es wichtig, dass das Futter möglichst trocken bleibt.
Sollten Sie in unmittelbarer Nähe Ihres Futterplatzes einen toten Vogel finden, besteht kein Grund zu Panik. Es ist möglich, dass der Vogel alt war oder dass die Kälte des Winters zum Tode geführt hat. Es muss nicht zwangsläufig eine Infektionskrankheit gewesen sein. Sollten Sie hingegen mehrere tote Tiere innerhalb kürzester Zeit finden, so sind Vorsichtsmaßnahmen unumgänglich:

- Keine erkrankten Vögel mit ins Haus nehmen, die toten Vögel nur mit Gummihandschuhen anfassen und entsorgen (abseits vergraben oder in einem Beutel in den Restmüll). Bei einigen wenigen Salmonellen-Typen besteht auch für den Menschen Infektionsgefahr. Im Verdachtsfall unverzüglich einen Arzt aufsuchen.
- Abbau des Futterhäuschens: Weitere Fütterung leistet der Krankheit Vorschub, deswegen ist es ratsam die betroffene Futterstelle zu schließen und das Futterhäuschen zu demontieren. Bei Neuaufstellung nach einigen Tagen sollte das Häuschen gründlich mit heißem Wasser und Spülmittel gereinigt werden. Bitte dabei Einmalhandschuhe tragen und trotzdem immer noch mal die Hände waschen!
- Alte Futterhäuschen, bei denen das Futter auf den Boden fällt, austauschen und besser durch ein modernes mit Futterspender ersetzen. Futterreste am Boden entfernen.

Hygiene am Futterplatz und dessen unmittelbarer Umgebung ist deshalb von großer Bedeutung für die Wintervogelfütterung. Als ernsthafter Naturfreund sollte man insbesondere die Futterhäuschen regelmäßig warten und reinigen, damit eine Ausbreitung von Krankheiten erst gar nicht möglich ist. Neuere Untersuchungsergebnisse belegen, dass die Gefahr durch Infektionskrankheiten bei weitem nicht so schlimm ist, wie früher angenommen wurde, denn das Immunsystem der Vögel arbeitet sehr effizient. Ganz entscheidend ist sicherlich die gute Betreuung der Futterstellen bei gleichzeitiger Beachtung o. g. Kriterien.

In diesem Futterhaus besteht Ansteckungsgefahr durch Verschmutzung mit Kot

Ganzjahresfütterung?!

Was lange Zeit als Tabu galt, ist bei uns spätestens durch den vielbeachteten Aufruf von Prof. Peter Berthold, dem ehemaligen Leiter der Vogelwarte Radolfzell und einer der bekanntesten und renommiertesten Ornithologen Deutschlands, hoffähig geworden: Eine artgerechte, angepasste Ganzjahreszufütterung, die durch Vogelfreunde sowohl auf Balkonen in der Stadt als auch in Gärten durchgeführt werden kann. Sie soll den Singvögeln einen kleinen Teil der Nahrung ersetzen, die sie in der Umgebung ihrer Brutplätze fanden, als diese noch ein reichhaltigeres Angebot an Insekten und Sämereien für sie und die Aufzucht ihrer Jungen bot.

Bis heute gibt es aber ein Pro und ein Kontra zur Frage der Ganzjahresfütterung, die eigentlich eine Zufütterung ist. Für sie spricht, dass wir Menschen ohnehin massiv in das natürliche Geschehen unserer Umwelt eingreifen und damit unmittelbar wie mittelbar die Lebensbedingungen der Wildtiere verändern. So wird durch Straßen- und Siedlungsbau, aber auch durch Monokulturen und Pestizideinsatz in der Landwirtschaft etwa das natürliche Futterangebot für Wildvögel enorm reduziert. Wildwuchs und „Unkräuter" gehen zugunsten von Beton- und Ackerflächen verloren, Insekten und Kleintiere finden keine geeigneten Lebensbedingungen mehr vor und stehen somit nicht mehr als Nahrungsquelle den Gefiederten zur Verfügung. Auch in den Gärten ersetzen (allzu) häufig Zierpflanzen und Exoten die oftmals als Unkraut verschmähten heimischen Pflanzen, die wichtige Nahrungsquellen für Vögel darstellen, Blattläusen und Raupen wird zudem mit der Chemiekeule zu Leibe gerückt. Die Futterstelle im Garten ersetzt nach dieser Argumentation in gewissem Maße die verlorengegangene Vielfalt in der menschgeprägten Umwelt. Gerade zur Brutzeit ist nach Ansicht ihrer Befürworter eine Fütterung besonders wichtig. So könnten die Elterntiere ihren eigenen Futterbedarf schnell und einfach an der Futterstelle decken und die so gesparte Zeit in die Suche nach Insekten zur Jungenfütterung investieren.

Die oft geäußerte Befürchtung, die Jungvögel würden zum Teil mit für sie ungeeignetem Futter, wie z. B. Erdnussbruch, gefüttert werden und dadurch Schaden nehmen, scheint sich neueren Studien zufolge zumindest unter ansonsten günstigen Bedingungen nicht zu bestätigen. Die Elternvögel haben nur dann vom Menschen gereichtes Futter an ihre Nachkommen verfüttert, wenn sie überhaupt keine natürliche Nahrung für ihre Jungen finden konnten. Um in einer solchen Notsituation geeignetes Aufzuchtfutter zur Verfügung zu stellen, sollte man mit Insekten angereichertes Futter auslegen.

Die Kritiker der Ganzjahresfütterung verweisen dagegen darauf, dass menschliche Zufütterung keinesfalls eine ausgewogene, natürliche Nahrung ersetzen kann, sondern bestenfalls Nahrungsergänzung sei. Denn viele Arten beispielsweise, die im Winter gerne das im Vogelhäuschen angebotene Körnerfutter nehmen, ernähren sich im Sommer hauptsächlich von Insekten. Insbesondere Jungvögel können Körner- und Fettfutter zunächst nicht umsetzen, sondern benötigen für eine gesunde Entwicklung Insektennahrung.
Auch kann es nicht das Ziel sein, das Überleben unserer Wildvögel vom guten Willen und den finanziellen Möglichkeiten einzelner Vogelfreunde abhängig zu machen. Ein effizienter Vogelschutz muss vielmehr nachhaltig dafür sorgen, dass es genügend geeigneten Lebensraum gibt, der den Vögeln ein selbständiges Überleben garantiert. Der Schutz wertvoller Biotope ist dabei ebenso wichtig wie eine naturverträgliche Siedlungsplanung und eine ökologisch orientierte Landwirtschaft. Solche Maßnahmen kommen allen, auch den selteneren Arten zugute, wogegen die Futterstellen im Garten hauptsächlich von ohnehin häufigen Vogelarten genutzt werden und damit der Nutzen für die bedrohte Vogelwelt letztendlich überschaubar bleibt.
Ein sehr problematischer Aspekt der Ganzjahresfütterung ist die möglicherweise leichtere Verbreitung von Krankheitserregern. Während im Winter

an den Futterstellen nur wenige Krankheiten wie Salmonellen oder Vogelpocken übertragen werden, kommen in der wärmeren Jahreszeit mehrere weitere hinzu: das Bakterium Suttonella ornithocola, das 2020 zu einem ersten großen Blaumeisensterben geführt hatte, oder die Trichomoniasis, die seit 2009 auffällige Grünfinkensterben auslöst und wohl hauptsächlich für den rasanten Bestandsrückgang dieser Art verantwortlich ist (s. S. 97). Futter- und Wasserstellen im Sommer sind der ideale Ort für den Ausbruch dieser Krankheiten. Gründliches und regelmäßiges Reinigen der Futter- und Wasserstellen muss daher für jeden Vogelfreund selbstverständlich sein. Wer nachhaltig und unbedenklich die Vogelwelt schützen will, sollte den Erhalt der heimischen Pflanzen- und Insektenwelt fördern. Im eigenen Garten lässt sich oft noch einiges zum Positiven verändern: Anstelle von Zierpflanzen und weitläufigen Rasenflächen bietet ein möglichst naturnaher Garten mit heimischen Pflanzen den Vögeln häufig die ideale Nahrungsquelle. Und blühende Wiesen sehen ohnehin schöner aus als monotone Rasenflächen.

Wer sich zusätzlich dafür entscheidet, Vögel auch im Sommer zu füttern, sollte dabei unbedingt folgende Punkte beachten (zur Hygiene am Futterplatz s. auch S. 82):

- Wasser- und Futterstellen sind immer potentielle Brutstellen für Krankheitserreger und müssen deshalb unbedingt regelmäßig gereinigt werden. Zur Reinigung bitte nur heißes Wasser und eine Wurzelbürste verwenden, keine Reinigungsmittel oder Desinfektionsmittel, deren Rückstände die Vögel dann bei der nächsten Benutzung der Futter- oder Wasserstelle aufnehmen würden! Trichomonaden brauchen Feuchtigkeit. Durch vollständiges Austrocknen der Tränke kann man sicherstellen, dass die Erreger nicht ins frische Wasser gelangen. Bewährt hat sich z. B. die Verwendung von zwei Blumentopfuntersetzern, die im Wechsel befüllt werden. Während der eine in Benutzung ist, kann der andere in der Sonne austrocknen.
- Das Futter sollte vor Regen und Nässe geschützt sein, um die Verbreitung von Krankheitserregern weiter einzuschränken.
- Sollten Sie kranke Vögel an der Futterstelle beobachten, muss diese abgebaut und gründlich gereinigt werden. Futterreste gehören dann in die Mülltonne. Mit einer erneuten Fütterung sollte erst nach einer Pause von ca. 4 Wochen begonnen werden. Kranke Vögel sind oft aufgeplustert und wenig aktiv. Wenn wir uns ihnen nähern können, ohne dass sie eine Fluchtreaktion zeigen, ist dies kein Zeichen besonderer Zutraulichkeit, sondern ein Alarmzeichen.
- Vögel sind häufig „Frühaufsteher", die Futterquelle sollte deshalb am besten abends aufgefüllt werden.
- Die Nahrungsreste des Menschen sind als Vogelfutter ungeeignet! Vor allem salzhaltige Lebensmittel schaden Vögeln mehr, als ihnen zu helfen.
- Katzen sind ein natürlicher Feind von Vögeln, eine Futterstelle für Vögel lockt häufig auch die pelzigen Mitbewohner an. Die Vögel müssen den Bereich um die Nahrungsquelle daher gut überblicken können, damit eine rechtzeitige Flucht möglich ist.

Welcher Futterspender – Futterhaus oder Silo?

Grünfink am Futterspender

Aufgrund der Infektionsgefahr geht man in jüngerer Zeit immer mehr dazu über, die großen Futterhäuser (Großes und Kleines Hessisches Futterhaus) durch jeweils mehrere kleinere Futtersilos oder -spender zu ersetzen, die in weiten Abständen voneinander angebracht werden.
Das klassische Futterhäuschen im „Landhausstil" ist sicherlich das bekannteste und beliebteste Hilfsmittel zu Darreichung von Winterfutter. Es handelt sich hierbei um ein Häuschen mit Spitzdach und einem mehr oder minder großen, quadratischen bis rechteckigen Boden. Es ist zum Aufstellen oder Aufhängen gedacht. Die Seiten sind offen, sodass die Vögel einfliegen können, um die Sämereien zu fressen. Die Infektionsgefahr bei diesem klassischen Modell ist hoch, da Kohlmeise, Grünfink und Co. bis zur verwilderten Haustaube bei der Futteraufnahme direkt in den Sämereien sitzen und somit das oben beschriebene Infektionsbild ohne weiteres eintreten kann. Aus diesem Grund sind die klassischen Futterhäuschen eher ein „Hingucker" als ein geeigneter Futterplatz! Wer sich dennoch nicht von dem Futterhäuschen im „Landhausstil" trennen möchte, sollte sehr gut auf die hygienischen Verhältnisse achten und regelmäßige Reinigungen vornehmen.

Aufgrund der unterschiedlichen Ernährungsgewohnheiten der Vogelarten und ihrer spezifischen Anforderungen an die Nahrung ist eine ideale, allumfassende „Patentfutterstelle" kaum möglich. Das Angebot des Winterfutters ist auf unterschiedliche Weise sinnvoll und sollte an einem gut geführten Futterplatz parallel zueinander stattfinden. Eine breite Palette von Futtermitteln spricht viele Arten an und erhöht somit die Attraktivität des Futterplatzes für Vögel und Menschen.

Das Futterhaus-Silo

Eine wesentlich bessere Alternative zum klassischen, offenen Futterhaus ist das Futtersilo im „Häuschen-Format". Es ist ebenso hübsch anzusehen und viel hygienischer für die gefiederten Besucher. Das Futter ist darin optimal vor Feuchtigkeit und Verschmutzung durch die Vögel geschützt. Wenn auch der Bau etwas schwieriger ist, so werden Sie von den zahlreichen Besuchen der gefiederten Wintergäste aus Nah und Fern an kalten Wintertagen dafür belohnt.

Für den Bau des Futterhaus-Silos verwendet man am besten gehobeltes Nadelholz (Fichte, Tanne, Kiefer, Lärche, Douglasie). Sperrholz eignet sich nicht, da es sich bei Feuchtigkeit in Wellen legt und aufspaltet.

Bauanleitung

- Einzelteile wie angegeben aussägen.
- Mit Bodenplatte und Rahmen beginnend, die Teile gemäß Plan zusammenfügen.
- Zuletzt wird das Dach auf das Futterhaus gesetzt.

Das Futterhaus-Silo wird befüllt, indem man das an der Giebelseite mit zwei Stiften fixierte Dach abnimmt.

Material

- 2 cm starke Nadelholzbretter (Maße s. Zeichnung)
- 1 cm starke Holzleisten (Maße s. Zeichnung)
- 0,3 cm starkes Plexiglas (Maße s. Zeichnung)
- Nägel bzw. Holzschrauben (0,35 cm insgesamt ca. 40 Stück)
- 2 Ösen-Schrauben mit Holzgewinde
- Draht zum Aufhängen

Einzelteile und Maße (in cm):

Bauteile	Maße	Menge
Boden	24 × 18	1
Dach D1	18 × 35	1
Dach D2	20 × 35	1
Seitenwände (Plexiglas)	29,6 × 13 × 0,3	2
Außenwände	16 × 24	2
Innenwand	16 × 14,2	1
Seitenleiste S1	24 × 2,8 × 1	2
Seitenleiste S2	20 × 3,5 × 1	2

HINWEIS:
Bei Silos ist homogenes Futter (z. B. nur Sonnenblumenkerne) vorzuziehen, da bei Futtermischungen die schwereren Getreidekörner den Spalt am Futtertisch blockieren können.

Beispiel für ein Futterhaus mit Silo-Funktion

Futterhaus-Silo

> **WICHTIG:**
> Bitte denken Sie daran, das Futtersilo jeweils vor dem Neubefüllen zu reinigen und das alte Futter von der Bodenplatte zu entfernen.

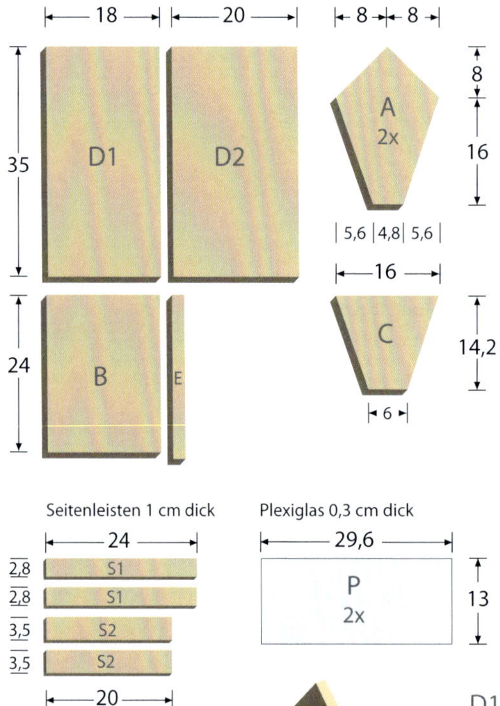

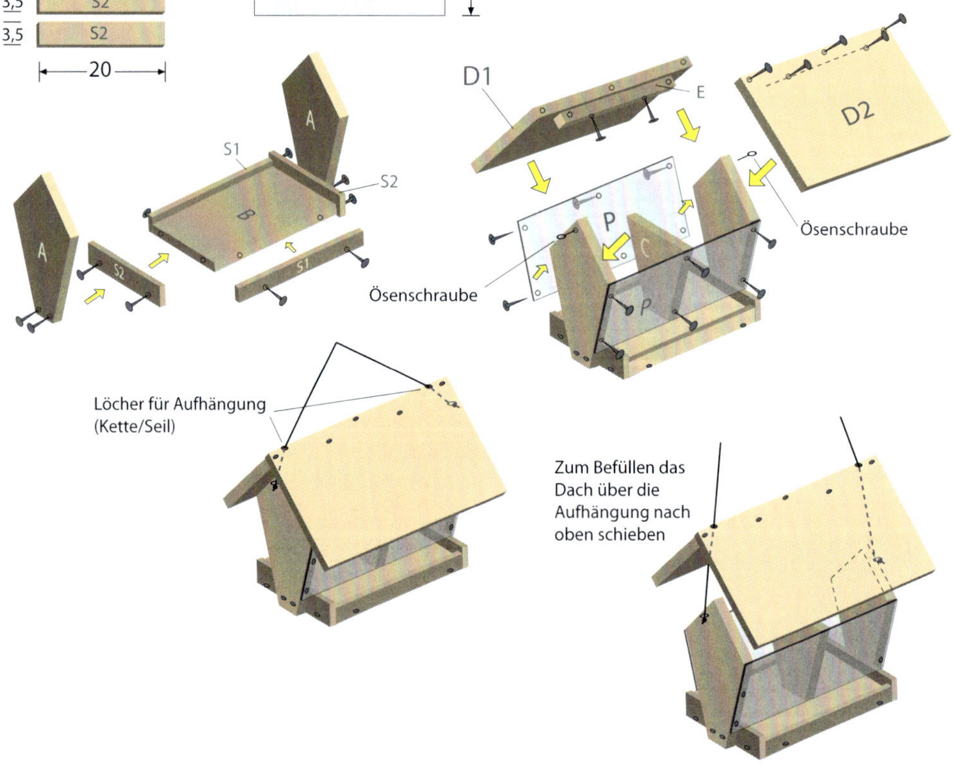

Der Futterautomat

Der Futterautomat ist im Prinzip eine vereinfachte Form des Futterhaus-Silos. Der Bau ist allerdings wesentlich einfacher als beim vorherigen Modell.

Für den Bau verwenden Sie ebenfalls gehobeltes Nadelholz bis 2 cm Stärke, am besten Lärche oder Douglasie, da diese Holzarten gut zu bearbeiten und recht haltbar sind!

Einzelteile und Maße (in cm):

Bauteile	Maße	Menge
Boden	16 × 13,5	1
Dach	16 × 18	1
Seitenwände	11 × 19/23	2
Vorderwand A1	12 × 18	1
Querleiste A2	2 × 24	1
Rückwand	12 × 23	1
Halteleiste	3,5 × 16	1
Sitzleisten	1 × 20	2

Bauanleitung

- Zuschneiden der verschiedenen Teile aus den Brettern. Die Seitenwände (E) sind vorne 19 cm und hinten 23 cm hoch.
- Abkanten bzw. brechen der Brettkanten mit Schmirgelpapier.
- Auf den Boden (B) die Sitzleisten (S) längs den Seitenkanten und bündig zu den Seitenkanten sowie der Hinterkante nageln oder schrauben.
- Bündig zu den Sitzleisten und der hinteren Kante des Bodens die Seitenwände (E) einfügen.
- Die Rückwand (C) so einfügen, dass sie bündig an der Hinterkante mit dem Boden und den Seitenwänden anschließt.
- Die Vorderwand (A1) wird schräg und an der Oberkante bündig eingebaut, damit eine Schütte entsteht.
- Die Querleiste (A2) vorne bündig zu den Seitenwänden montieren.
- Das Dach (D) wird mit einem Stück Rollladengurt oder kleinen Scharnieren an der Oberkante der Vorderwand befestigt, sodass es zum Einfüllen von Futter weggeklappt werden kann.
- Die Halteleiste (F) mittig mit einem Loch versehen und in der oberen Hälfte so an der Rückwand befestigen, dass es als Aufhängepunkt dient.
- Als Witterungsschutz kann man die Oberfläche mit einer Lasur versehen. Grundsätzlich sollte man mit umweltfreundlichen Anstrichen arbeiten, also ohne Lösungsmittel und Giftstoffe.

Futterautomaten schützen das Futter vor Nässe und sind besonderes hygienisch

Futterautomat

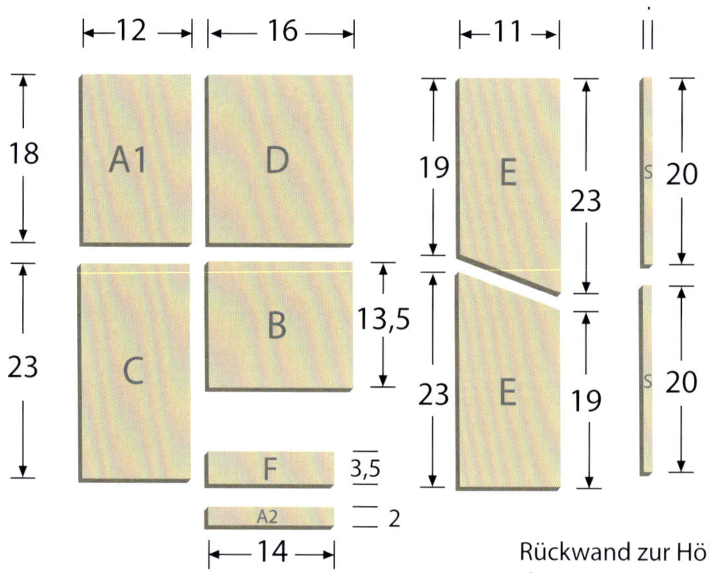

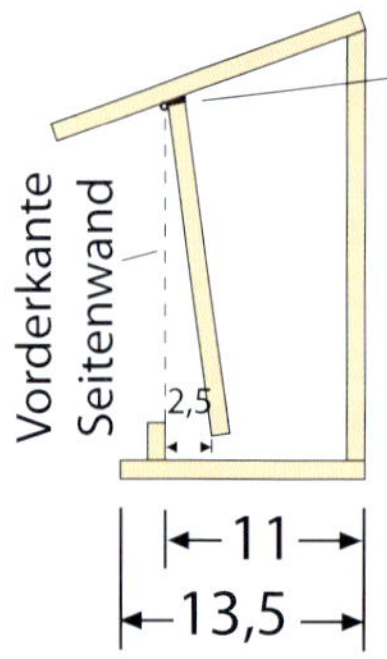

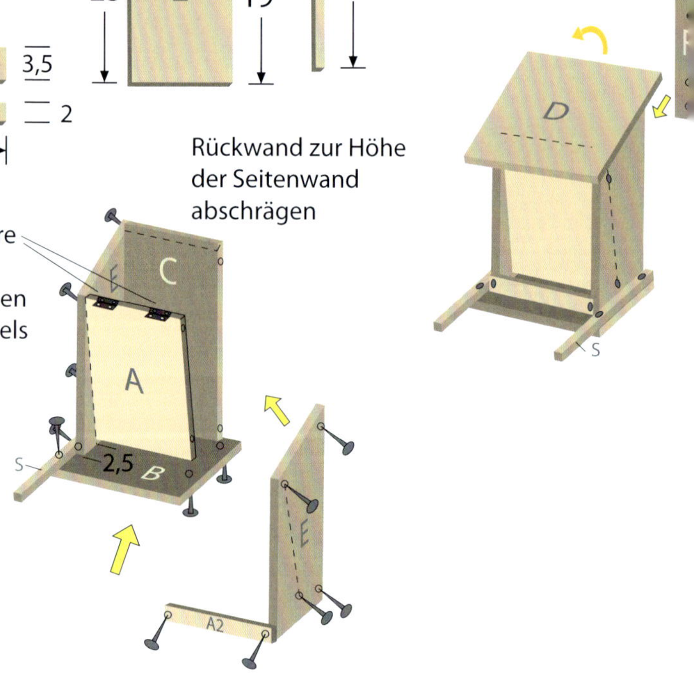

Ein Zweig in der Futterglocke erleichtert die Futteraufnahme

Futterglocken und Fettkästen

Ebenso einfach und ohne Werkzeug lässt sich eine praktische Futterglocke basteln. Als Material benötigen Sie lediglich einen kleinen Blumentopf mit einem Bodenloch. Durch dieses wird ein Zweig oder Holzstab gesteckt, der ungefähr 10 cm aus der offenen Topfseite herausragt. An der anderen Seite wird eine Kordel oder ein Draht zur Befestigung angebracht, um ihn beispielsweise an einen Ast aufhängen zu können. In die „Glocke" wird warmes Fett-Futtergemisch gefüllt (s. S. 80). Der herausragende Astteil dient den Vögeln als Halt. Nachdem das Fettfutter sich verfestigt hat, kann man die Futterglocke aufhängen. Zu beachten ist, dass sie an einem schattigen Ort aufgehängt wird, da sonst bei Erwärmung der Futterbrei herausfallen kann.

Wer lieber einen Fettkasten basteln möchte, kann sich aus Brettresten ein rechteckiges, vorne offenes Behältnis bauen (30 × 15 × 15 cm) und den Futterbrei darin eingießen. Eine schmale Leiste (1 × 15 cm), die vorne mittig angebracht wird, ermöglicht den Vögeln einen besseren Halt. Letztendlich ist die Form des Futterspenders den Vögeln relativ egal, Sie sollten aber darauf achten, nicht zu große Behältnisse zu wählen, damit diese nicht zu schwer zum Aufhängen sind. Fettkästen lassen sich mit einem Drahtbügel gut an Stämmen von Bäumen befestigen und werden sehr gerne von Spechten und Baumläufern angenommen. Meisen und Kleiber gehören zu den Vogelarten, die am liebsten hängend befestigte und frei schwingende Futterplätze (Futterglocken, Meisenringe und Knödel) aufsuchen und an ihnen geschickt teils kopfüber turnen. Amseln, Haus- und Feldsperling, Finken, Goldammern oder Rotkehlchen hingegen mögen lieber einen fest montierten Futterplatz. Wieder andere Arten, wie etwa die Stare, nehmen ihre Nahrung meist am Boden auf, weshalb sie Bodensilos bevorzugen.

Die Futtersäule

Sehr gut bewährt haben sich Futtersäulen, die von verschiedenen Anbietern verkauft werden. Solche Futtersäulen, die auch als „Fensterfütterer" bezeichnet werden, sind deshalb äußerst empfehlenswert, weil sie durch ihre spezielle Konstruktion eine größtmögliche Hygiene gewährleisten und zudem dank der kleinen, seitlich befestigten Sitzstege den weniger klettergewandten Vogelarten Halt bieten. Ferner erlaubt es das Plexiglas, immer genau im Blick zu haben, wie viel Futter sich noch in der Säule befindet.

Kohlmeise am Futterring

Wichtig:

- Frei stehende Futterhäuschen oder Silos sollten so aufgestellt werden, dass Katzen und andere Fressfeinde sowie Mäuse nicht hochklettern können. Metallrohre oder glatt gehobelte und polierte Kanthölzer haben sich als Trägerkonstruktion dafür bewährt. Außerdem sollte man beachten, dass Katzen vom Boden aus ca. 1,7 Meter hoch springen können. Zur Minimierung des Risikos wird dementsprechend eine Aufstellhöhe von mindestens 1,8 Meter Höhe empfohlen.

- Futterhäuschen bzw. -silos sollten so aufgehängt werden, dass sie leicht zu befüllen und zu reinigen sind.

- Futterplätze sollen nicht in der direkten Nähe von verspiegelten Glasfassaden, Wintergärten oder großen Fenstern angelegt werden. Zur Minimierung des Anflugrisikos ist auf einen ausreichend großen Abstand zu achten. Zudem sollten die Glasscheiben mit speziellen „Markern" für Vögel als Barrieren sichtbar gemacht werden.

- **Vorsicht mit Trinkwasser!**
  Im Winter bieten sich den Tieren in Form von Schnee, Tau oder Raureif sowie in der natürlichen Nahrung genügend Möglichkeiten, den ohnehin nicht sehr großen Wasserbedarf zu decken.
  Wer dennoch Vögel mit Trinkwasser versorgen will, muss darauf achten, dass die Trinkschalen mit Steinen so verbaut sind, dass die Vögel nicht darin baden können. Es besteht sonst die Gefahr, dass das Gefieder gefriert und damit die Wärmeisolierung verloren geht. Ferner wird die Flugfähigkeit eingeschränkt.

Schutz vor Spechtschäden an Nistkästen

Gebietsweise gar nicht selten, machen sich Spechte über Nistkästen her. Es sind meist einzelne Individuen des Buntspechts *(Dendrocopos major)*, die – offensichtlich „auf den Geschmack" gekommen – künstliche Nisthöhlen aufhacken, um sich darin an dem Gelege oder der Vogelbrut zu bedienen. Selbst die widerstandsfähigeren Holzbetonkästen sind vor solchen „Hackattacken" nicht völlig gefeit. Wer „seine Nistkästen" im Revier eines solchen Spezialisten hängen hat, kann diese durch Überspannen mit Kükendraht etwas schützen. Die Methode hilft auch, wenn Insektennisthölzer im Übermaß vom Buntspecht aufgehackt werden.

Ein vom Buntspecht beschädigter Nistkasten. Die Vorderwand wurde bereits durch eine Blechmanschette repariert, unten wurde der Kasten jedoch wieder neu aufgemeißelt.

Reinigung der Nistkästen

Gefahr durch Parasiten

Viele Vogelarten, wie Meisen und Kleiber, bauen jedes Jahr ein neues Nest, räumen aber alte Nester nicht aus, sondern überbauen diese einfach. Hier entwickelt sich ein prächtiger Lebensraum für Parasiten wie Flöhe, Milben oder Lausfliegen, die bis zur nächsten Brutzeit überdauern können. Nestparasiten können den Bruterfolg und Nistkastenbesatz erheblich beeinträchtigen, deshalb ist die Reinigung sehr wichtig. In natürlichen, sehr höhlenreichen Wäldern ist das Brutplatzangebot so groß, dass Höhlen bewohnende Vögel genügend Ausweichmöglichkeiten haben. Zudem ist das alte Nestmaterial am natürlichen Nistplatz innerhalb weniger Jahre (meist nach einem Sommer) vollständig recycelt. Besonders Motten warten darauf, ihre Eier in solch alte Nester ablegen zu können; deren Larven zerfressen und zerset-

Alte Vogelnester sollten nach der Brutsaison entfernt und der Kasten gereinigt werden.

zen anschließend das Nistmaterial weitgehend. Diese „natürliche Reinigung" klappt bei den Nisthilfen nicht. Deshalb werden nicht gereinigte Brutkästen in dem auf eine Brut folgenden Jahr im Allgemeinen nicht besetzt.

Wann reinigen?

Anders als bei unserem „Frühjahrsputz" im eigenen Wohnbereich ist der Spätsommer (Ende August/September) der richtige Zeitpunkt für den gründlichen Putz unserer Vogelwohnungen. Bis dahin hat auch der letzte Vogelnachwuchs den Kasten verlassen. Damit die neue Brut im nächsten Frühjahr nicht durch alte Nester und Parasiten behindert wird, ist jetzt eine Komplettreinigung angesagt.

Im eigenen Garten und unserem Wohnumfeld dürfen wir die Kästen auch nach jeder Brut innerhalb eines Jahres kontrollieren und reinigen. Dabei sollten auch unbefruchtete Eier oder tote Jungvögel entfernt werden. Um nicht durch „unerwartete" Bewohner unnötig erschreckt zu werden, lohnt es sich, vor Öffnen der „Haustüre" (= Kastenvorderwand) kurz anzuklopfen. Dadurch sind Bilche oder Waldmäuse gewarnt und können ihre Behausung vor unserem „Eindringen" verlassen, ohne uns entgegen springen zu müssen. Sind solche ungeplanten Wohnungsnutzer entdeckt, sollte man ihnen allerdings ihr Wohnrecht erhalten, indem man den „geordneten Rückzug" antritt.

Der Spätsommer ist für die Nistkastenreinigung die ideale Zeit, weil in diesem Zeitfenster die Vogelbruten beendet, die Kästen aber noch weitgehend frei von herbst- und winterlichen Nutzern sind. Mit Herbstbeginn richten sich nämlich viele Tierarten, ob Insekten oder Kleinsäuger, in den Nistkästen wohnlich ein. Auch einige Vogelarten, Meisen etwa oder Zaunkönige, ziehen sich in kalten Winternächten gerne zum Übernachten in die – gegenüber dem freien Geäst – doch etwas besser geschützten und isolierten Nistkästen zurück.

Wie reinigen?

Zur Reinigung werden die kompletten alten Nester mit dem gesamten Inhalt herausgenommen. Danach wird der Nistkasten gründlich ausgefegt und besonders auch in den Ecken eventuelle Schmutz- und Kotreste weggekratzt. Für stärkere Verschmutzungen gibt es im Handel spezielle Reinigungshilfen. Zum Ausputzen dürfen niemals scharfe Reinigungs- oder Desinfektionsmittel verwendet werden! Bei starkem Parasitenbefall kann der Kasten noch zusätzlich mit klarem Wasser und etwas Sodalauge ausgespült werden. Nach einer solchen Nassbehandlung muss der Innenraum vollständig austrocknen, bevor der Nistkasten wieder aufgehängt wird.

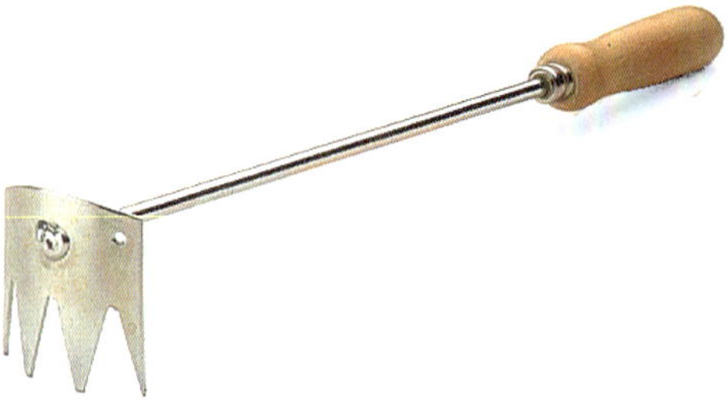

Reinigungsgerät für Nistkästen aller Art.

Vogeltränken – eine wichtige Requisite in unserem Garten

Die meisten Vögel – aber besonders die Körnerfresser – müssen regelmäßig trinken. Deshalb sollte im Siedlungsbereich neben Futter auch stets frisches Wasser angeboten werden. Das Wasser sollte häufig erneuert werden, um eine Verschmutzung zu vermeiden. Die Vogeltränke sollte auch möglichst „katzensicher" aufgestellt werden.

Vogeltränken müssen möglichst katzensicher aufgestellt werden.

„Hilflose“ Jungvögel gefunden, was tun?

Wer Nisthilfen anbringt, wird automatisch seinen Blick für deren Bewohner und ihre Nöte schärfen. Da geht es keinem von uns anders als in anderen Lebensbereichen: Wer sich gerade ein Auto einer bestimmten Marke gekauft hat, dem fallen auf einmal im Straßenverkehr die Autos der gleichen Marke auf. Wer gerade Nachwuchs bekommen hat, sieht überall Kinderwagen schiebende junge Eltern. Und wer sich mit Nisthilfen beschäftigt, dem fallen häufiger Jungvögel auf, die sich – scheinbar hilflos oder verletzt – abseits von Nest und Vogeleltern aufhalten.

Das führt dazu, dass den Vogelschutzwarten, Tierschutzvereinen oder den Vogelpflegestationen häufig junge Vögel gebracht werden, die angeblich aus dem Nest gefallen oder von den Eltern verlassen sein sollen. Tatsächlich vermittelt so ein hilflos erscheinender, scheinbar kläglich herumsitzender, noch nicht oder gerade flügge gewordener Jungvogel leicht den Eindruck, dass er ohne unsere Hilfe verloren ist. Oft wird das Vögelchen mit nach Hause genommen und erst nach fehlgeschlagenen Fütterungsversuchen sachkundiger Rat gesucht. Tatsächlich ist in den meisten Fällen der am Boden sitzende Jungvogel gar nicht elternlos. Sein jämmerlich erscheinendes, oft länger anhaltendes Rufen ist nichts anderes als ein Bettellaut, der die akustische Verbindung zu dem in der Nähe nach Futter suchenden Altvogel herstellt. Der Altvogel wird sich dem Jungen aber nur dann nähern, wenn keine Gefahr für ihn besteht. Der in der Nähe des Jungvogels stehende Mensch stellt aus Altvogel-Sicht ein erhöhtes Risiko dar. Deshalb wird sich der Altvogel mit dem Futter im Schnabel solange versteckt aufhalten, bis wir uns entfernen. Schnell wird danach das nach Nahrung rufende Junge gefüttert und durch entsprechende Laute in ein nahes Versteck gelockt. Sitzt der Jungvogel jedoch auf einer befahrenen Straße oder einem Radweg, dann sollte man ihn aufnehmen und in ein nahe gelegenes Gebüsch bringen, auf einen Ast, ein Garagendach oder eine Wiese setzen. Unser Anfassen schadet entgegen landläufiger Meinung überhaupt nicht. Die meisten Vogelarten haben – im Gegensatz zu den Säugetieren – keinen besonders guten Geruchssinn, sodass ein Anfassen nicht zum Verstoßen führt. Ist man sich unsicher, ob Altvögel in der Nähe sind, sollte man den Jungvogel noch einige Zeit aus der Entfernung beobachten. In der Regel kehren die Elternvögel innerhalb kurzer Zeit zu ihrem Jungen zurück. Für den Fall, dass die Altvögel aus irgend einem Grund im Lauf der nächsten Stunde nicht mehr füttern, sollte man bei den Vogelschutzwarten um fachlichen Rat suchen und den Kleinen in einer behördlich genehmigten Vogelauffang- und Pflegestation abgeben.

Jungvögel am Boden wirken hilflos, aber die junge Goldammer ist nicht „verlassen“.

Nach dem Flüggewerden füttern Vogeleltern die Jungen oft am Boden weiter. Hier Hausrotschwanz.

Verunglückten Vogel gefunden, was tun?

Bei den Nisthilfeaktionen und der intensiven Beobachtung von Vögeln kommt es auch immer wieder vor, dass man auf einen verletzten Vogel trifft; sei es, dass er gegen eine Glasscheibe geflogen ist, von einem Fahrzeug oder einer Katze erfasst wurde oder mit Leitungen oder anderen technischen Einrichtungen kollidiert ist. Hier ein paar Tipps, wie man sich in einem solchen Fall verhalten sollte:

Wenn ein Vogel gegen eine Scheibe geflogen ist und benommen am Boden sitzt, genügt es oftmals, ihn in einen kleinen dunklen Pappkarton (z. B. Schuh- oder Weinkarton) zu setzen und abzuwarten. Schon nach einigen Stunden entscheidet es sich, ob der Vogel wieder gesund wird oder durch innere Verletzungen so stark geschädigt wurde, dass er stirbt (Blut aus dem Schnabel). Hier kann in der Regel auch kein Tierarzt mehr helfen. Wenn er die Nacht überlebt, ist er am nächsten Morgen meist so fit, dass er dann schon wieder frei gelassen werden kann.

Wenn ein Vogel Opfer des Straßenverkehrs geworden ist, sind meist Brüche auszukurieren. Hier empfiehlt sich die Abgabe an eine staatlich anerkannte Auffang- oder Pflegestation, die meist von einem Tier- oder Naturschutzverband betrieben wird. Die Vogelschutzwarte in Frankfurt hat z. B. – in Rücksprache mit den Oberen Naturschutzbehörden des Landes Hessen – ein Merkblatt erarbeitet, das neben Hinweisen zur Beantragung und zum Betrieb von Auffang- und Pflegestationen und einer Muster-Bauanleitung auch eine Übersicht über die derzeit anerkannten Stationen in Hessen beinhaltet.

Matte oder apathisch herumsitzende Vögel können entweder stark abgemagert sein (z. B. infolge Nahrungsmangel, Parasiten, Krankheiten) oder Vergiftungserscheinungen aufweisen. Auch diese Vögel müssen behandelt werden und gehören zum Tierarzt oder in eine anerkannte Auffang- oder Pflegestation. Diesen Tieren sollte man durchaus gutgemeinte, aber meist erfolglose eigene „Experimente" ersparen.

Ein Ring am Fuß – was bedeutet das?

Die Beschäftigung mit Nisthilfen (ver-)führt „zwangsweise" zum genaueren Wahrnehmen der Vögel oder auch der Fledermäuse um uns. Erst einmal sensibilisiert und mit dem „Vogelblick" versehen, fällt die Aufmerksamkeit dann oft auf Details. So nehmen wir vielleicht jetzt erst wahr, dass eine ganze Reihe von Vögeln – und auch einige Fledermäuse – Ringträger sind. Solche Ringe, bei Fledermäusen sind es offene Flügelklammern, haben Tradition. „Erfunden" wurden die Ringe, weil man mehr über den geheimnisvollen Vogelzug erfahren wollte. Junge Vögel werden noch im Nest mit einem metallenen Ring am Bein markiert, aber auch adulte Vögel, die mit Hilfe von Netzen gefangen werden. Die Ringe geben an, wann und wo der Vogel markiert worden ist. Alle Vogelkundler sind aufgefordert, zu melden, wann und wo sie später einen solchen, mit einem Ring markierten Vogel gefunden haben.

Eine Schwanzmeise wurde gefangen und mit einem leichten Ring markiert.

Infektionskrankheiten bei Wildvögeln

Aufgrund der sich seit einigen Jahren häufenden Meldungen über virale und bakterielle Infektionskrankheiten bei Wildvögeln sind viele Natur- und Vogelfreunde alarmiert, da hiervon besonders auch Gartenvögel wie Amseln, Blaumeisen und Grünfinken betroffen sind. Inwieweit das Amsel-, Blaumeisen- und Grünfinkensterben zum Rückgang dieser Arten und weiterer Vogelarten führen oder sogar für uns Menschen zu einem Gesundheitsrisiko werden kann, wird im Folgenden kurz erklärt. Für das Risiko einer Ausbreitung der Vogelgrippe durch die Winterfütterung unserer Gefiederten kann schließlich eine Komplettentwarnung gegeben werden.

Amselsterben durch das Usutu-Virus

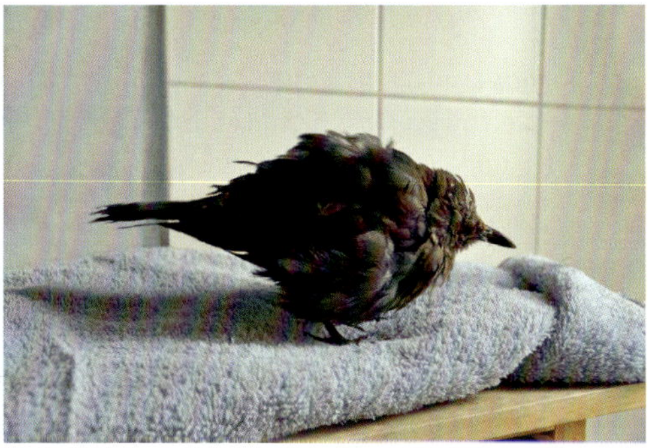

Eine vom Usutu-Virus betroffene Amsel.

Das Usutu-Virus wird durch Stechmücken übertragen. Es stammt ursprünglich aus Afrika, der Name leitet sich vom Fluss Usutu in Swasiland ab. In Europa führte diese Viruserkrankung erstmals 1996 in Italien zu einem Amselsterben. Nach neuesten Erkenntnissen gelangten infizierte exotische Stechmücken mit Warentransporten zu uns. Zusätzlich wird die nach Norden gerichtete Ausbreitung dieser tropischen Stechmückenart durch die Klimaerwärmung noch weiter begünstigt. Durch das Virus verursachte Todesfälle unter Vögeln treten jeweils während der Mückensaison von Mai bis November auf. Das Immunsystem von Amseln scheint besonders sensibel auf die Krankheit zu reagieren. Betroffene Vogelindividuen wirken oft apathisch, zeigen ein „struppiges Erscheinungsbild" und sterben häufig innerhalb von wenigen Tagen. Die Usutu-Erkrankungen von Vögeln können derzeit weder verhindert noch behandelt werden. Auch ist der Verlauf ihres Auftretens nur schwer vorhersagbar. Wahrscheinlich ist, dass sich das Virus räumlich weiterverbreiten wird. In den bekannten Ausbruchsgebieten dürften die Vögel zunehmend eine individuelle Immunität gegen die neue Krankheit erwerben. Hier könnte es allerdings in gewissen Zyklen immer wieder zu Ausbrüchen der Krankheit kommen, sobald eine Amsel-Generation mit erworbener Immunität von der nächsten Generation abgelöst wird. Dennoch ist von einer längerfristigen Bedrohung der heimischen Amselpopulationen durch das Virus nicht auszugehen. Auf der NABU-Website findet sich u. a. eine Anleitung zur Meldung von Verdachtsfällen.

Zur möglichen Übertragbarkeit auf den Menschen und Haustiere

Nach derzeitigem Wissen verbreitet sich das Virus ausschließlich über Mückenstiche. Der Kontakt mit toten Vögeln ist daher ohne Gefährdung möglich. Trotzdem sollten dabei natürlich die üblichen Hygieneregeln beachtet werden (z. B. Einmalhandschuhe tragen, gründliches Händewaschen mit Seife). Auch geht von den Kadavern keine Gefahr für Hunde und Katzen aus. Die Übertragung durch Mückenstiche auf Säugetiere und Menschen ist zwar theoretisch möglich, allerdings bisher nur äußerst selten beobachtet worden. Nur in absoluten Ausnahmefällen zog eine Erkrankung mit dem Virus einen schweren Verlauf nach sich (bei zwei immungeschwächten Personen in Italien, die aber wieder gesundeten). Unter normalen Bedingungen ist sie mit einem einfachen grippalen Infekt zu vergleichen.

Mysteriöses Blaumeisensterben

In jüngerer Zeit, besonders im Frühjahr 2020, kam es vermehrt zu Meldungen von krank wirkenden oder toten Blaumeisen, zunächst aus dem Raum Koblenz, dann aber auch aus Mittelhessen. Meist werden die

Vögel in der Umgebung von Futterstellen in Gärten gefunden. Ihre Krankheitssymptome sind unspezifisch. Sie verhalten sich apathisch, sind abgemagert, plustern ihr Gefieder auf und reagieren nicht mehr auf ihre Umwelt. Die kleinen Singvögel wirken, als hätten sie Atemprobleme. Ihre Augen sind verklebt, es findet keine Futteraufnahme mehr statt und sie wirken sehr durstig. Offenbar sind von der mysteriösen Krankheit vor allem Blaumeisen, aber auch Tannen-, Schwanz- und Kohlmeisen betroffen. Mittlerweile gibt es auch Todesfälle bei Heckenbraunellen.
Bis vor kurzem gab es zur Todesursache der Blaumeisen nur Vermutungen. Laboruntersuchungen haben jetzt allerdings zur Aufklärung des mysteriösen Blaumeisensterbens maßgeblich beigetragen. Demnach sind Suttonella-ornithocola -Bakterien für die Erkrankung der Vögel verantwortlich, die zu Entzündungen der Vogel-Lungen führen. Ein Gefährdungspotential für den Menschen oder andere Tiere besteht nicht.

Was wir tun können
Um das Ausbreitungsgeschehen besser verfolgen zu können und mögliche Ursachen und Auswirkungen zu identifizieren, wird empfohlen, erkrankte oder tote Vögel zu den Landeslaboren zwecks Abklärung der Todesursache zu bringen. Die Vögel sollen baldmöglichst eingesammelt und entweder tiefgefroren oder frischtot eingeschickt werden.
Auffällige Beobachtungen zu kranken oder vermutlich an diesem Bakterium verstorbenen Blaumeisen können auch über ein Meldeformular (siehe Homepage NABU) mit genauen Angaben zum Fundort, Funddatum, den näheren Fundumständen und zu den Symptomen der Vögel an den NABU gemeldet werden. Dieser sammelt alle diesbezüglichen Daten, wertet sie aus und stellt sie weiteren Wissenschaftlern zur Verfügung.
Vögel übertragen die Krankheit besonders dort, wo sie häufig aufeinandertreffen: in Gärten an Futterstellen und an der Vogeltränke bzw. am Vogelbad. Deshalb sollten im Falle einer Erkrankung die Vogelfütterung sofort eingestellt und die Tränken entfernt werden. Eine Reinigung des Umfeldes der Futterstelle wird empfohlen.

Grünfinkensterben

Seit dem Sommer 2009 wurde erstmals in größeren Teilen Deutschlands von einem vermehrten Sterben von Grünfinken berichtet. Die gemeldeten Vögel wirken, wenn sie nicht bereits tot sind, meist apathisch und zeigen ein gestörtes Fluchtverhalten. Meist liegen die Fundorte in der Nähe von Sommerfutterstellen oder Vogeltränken. Es ist davon auszugehen, dass die gemeldeten Grünfinken mit dem einzelligen Erreger Trichomonas gallinae infiziert sind. Mit dem Trichomonaden-Erreger infizierte Tiere zeigen folgende Merkmale: Schaumiger Speichel, der die Nahrungsaufnahme hemmt, großer Durst, scheinbare Furchtlosigkeit. Die Infektion verläuft immer tödlich. Nach Schätzungen von Experten starben 2009 etwa 70.000 bis 80.000 Grünfinken an der für diese Art tödlichen Krankheit. In Deutschland leben rund zwei Millionen Brutpaare, also im Sommer über zehn Millionen Grünfinken, Eltern und Jungvögel eingerechnet. Das Finkensterben führt zu einer erhöhten Sterblichkeitsrate, ein nachhaltiger Effekt auf die Bestandsentwicklung ist derzeit allerdings noch nicht nachweisbar.

Was wir tun können
Als Trichomonaden-Infektionsquelle kommt neben dem direkten Kontakt der Tiere untereinander vor allem Trinkwasser an Futterstellen in Frage, in dem der Erreger bei sommerlich warmen Temperaturen bis zu 24 Stunden lang überleben kann. Hier besteht eine extreme Ansteckungsgefahr. Nur ein einziger kranker Vogel kann hier schnell viele andere Vögel infizieren. Futterstellen und Tränken, in deren Nähe kranke oder tote Vögel gefunden werden, sollten sofort geschlossen und gründlich gereinigt werden. Erst nach einer deutlichen Wetteränderung kann wieder mit der Fütterung begonnen werden. Außerdem ist es ratsam, auf Silofütterung umzustellen. Die Erreger können sich dort am besten verbreiten, wo die Vögel selbst das Futter verschmutzen können.

Winterfütterung und Vogelgrippe

Im Zuge jährlich wiederkehrender Meldungen im Herbst und Winter zum Thema Vogelgrippe stellt sich vielen Natur- und Vogelfreunden die Frage, ob der Virus für Gartenvögel gefährlich ist und ob auf die Vogelfütterung besser verzichtet werden sollte. Die Antwort ist so eindeutig wie beruhigend: Es gibt keinen Grund zur Panik. Das Virus ist für Gartenvögel nicht gefährlich, deshalb kann eine fachgerechte Fütterung auf jeden Fall durchgeführt werden. Selbstverständlich sollten die üblichen Hygienemaßnahmen bedacht werden: Die Futterhäuser sollten regelmäßig gereinigt oder aber Futtersäulen verwendet werden. Infektionskrankheiten können somit wirkungsvoll unterbunden werden.

Gefahren für Vögel durch Glasanflug

Der sehr oft tödlich endende Anflug von Vögeln an Glasscheiben jeder Art ist schon lange bekannt. Glas hat als Baustoff und Gestaltungselement in der Architektur in den letzten Jahrzehnten eine immer größere Bedeutung erlangt. Dadurch zählt Vogelschlag an Glasfassaden zusammen mit den Verlusten durch Straßenverkehr, durch Anflüge an Hochspannungsleitungen und durch Katzen im Siedlungsraum zu den bedeutendsten menschlich bedingten Todesursachen von Vögeln. Brutvögel sind davon genauso betroffen wie Durchzügler und Wintergäste. Die Größenordnung der pro Jahr in Deutschland an Glasscheiben verunglückten Vögel umfasst vermutlich mehr als 100 Millionen Individuen und ist damit so groß, dass sie einen Einfluss auf die Vogelpopulationen haben könnte. Da große Glasflächen aus der modernen Architektur nicht mehr wegzudenken sind, nimmt die Problematik weiter zu.

Ursachen

Vögel haben nicht die Fähigkeit, eine im Freien stehende, durchsichtige Glasscheibe, beispielsweise in Form von Schallschutzwänden, verglasten Gängen oder gläsernen Wartehäuschen, wahrzunehmen – dennoch werden sie mit solchen Hindernissen in ihren Lebensräumen vielfach konfrontiert. Genauso verhält es sich mit spiegelnden Scheiben, in denen ein Vogel häufig Bäume, den Himmel oder Wolken als vermeintliche Ziele, nicht aber ein mögliches Hindernis erkennt. In der menschlich geprägten Umwelt lassen sich Todesfälle von Tieren nicht vollständig verhindern. Dies trifft auch für die Glasfassaden der meisten Gebäude zu, an denen Vogelschlag in der Regel unspezifisch, selten und unregelmäßig auftritt. Wenn aber an einem bestimmten Ort ein deutlich höheres Risiko besteht und geschützte Arten regelmäßig oder überdurchschnittlich häufig zu Tode kommen, geht diese Mortalität über das unvermeidbare Maß hinaus. Fensterrahmen oder einzelne Aufkleber auf Scheiben vermitteln dem Vogel nicht ausreichend, dass die gläsernen Zwischenräume nicht passierbar sind. Dieser „meint" vielmehr, eine Lücke vor sich zu haben, durch die er fliegen kann. Hinzu kommt, dass Vögel durch die meist seitlich am Kopf liegenden Augen eine Rundumsicht haben und nicht wie wir Menschen ein fokussiertes, stereoskopisches Bild. Sie sehen den vor ihnen liegenden Bereich quasi aus dem Augenwinkel. Bei Fluggeschwindigkeiten von oft 30 km/h bis 60 km/h führt dies dazu, dass wenig Reaktionszeit zum Ausweichen vor einem im letzten Augenblick erkannten Hindernis bleibt.

Unfallschwerpunkte

Vögel können mit nahezu allen Arten von Glasscheiben kollidieren. Vollständig ausschließen lassen sich Kollisionen nicht. Untersuchungen zum Vogelschlag belegen jedoch, dass Vogelkollisionen an verschiedenen Bauwerkstypen und Glasfassaden in sehr unterschiedlichem Umfang auftreten. Häufig gibt es besonders herausragende Gebäude oder einzelne Bauwerksteile, an denen es wegen bestimmter Fassaden- oder Umgebungseigenschaften zu gehäufte Vogelkollisionen kommt. Hier gibt es dann dringenden Handlungsbedarf. Größere Verwaltungs-, Büro- und Wohngebäude in den USA weisen durchschnittlich mehr als 20 Vogelopfer pro Jahr und Gebäude auf, Einfamilien- und Doppelhäuser dagegen im Mittel etwa zwei. Die auch aus Mitteleuropa inzwischen vorliegenden Untersuchungen zeigen, dass diese Zahlen grundsätzlich auch für Deutschland gelten können. Auf dieser Grundlage hat die Länderarbeitsgemeinschaft der Vogelschutzwarten (LAG VSW) hochgerechnet, dass in Deutschland jedes Jahr über 100 Millionen Vögel an Glas verunglücken. Dies entspricht über 5 % aller Vögel, die im Jahresverlauf in Deutschland vorkommen. Damit wird deutlich, dass es sich bei Vogelschlag an Glas um ein relevantes Vogelschutzproblem handelt.

Wirksame Vermeidungsmaßnahmen

Umfassende Übersichten zu Vermeidungsmaßnahmen können auf der Webseite der Schweizerischen Vogelwarte heruntergeladen werden (www.vogelglas.vogelwarte.ch). Auf dieser sowie auf der Seite www.wua-wien.at/naturschutz-und-stadtoekologie/vogelanprall- an-glasflaechen finden sich viele weitere Informationen zum Thema Aufbau der Fassade und der Unterteilung von Glasscheiben.

Die einfachste Möglichkeit einer wirksamen Markierung stellen Streifen- oder Punktmuster dar, die horizontal oder vertikal auf eine Scheibe aufgebracht werden. Unregelmäßige Muster sind jedoch ebenso möglich und eröffnen große gestalterische Spielräume. Als Ergebnis der bisherigen Untersuchungen können folgende Regeln für zuverlässig wirkende Markierungen aufgestellt werden:

- Muster müssen über die gesamte Scheibe angebracht werden.
- Vertikale Linien sollten mindestens 5 mm breit sein bei einem Kantenabstand von 95 mm, so dass sich alle 10 cm eine Linie befindet.
- Ein hoher Kontrast ist essenziell für die Wahrnehmbarkeit der Muster. In der Mehrzahl der Fälle sind daher schwarze Markierungen gut geeignet, orange haben sich ebenfalls gut bewährt. In dunkleren oder schattigen Situationen bieten auch weißliche Markierungen einen guten Kontrast.
- Außen markieren: Markierungen sollen auf der Anflugseite angebracht werden, damit ihre Wirkung nicht durch Spiegelungen verringert wird. Nur bei ausschließlich auf Durchsicht beruhender Mortalität ist die Seite ohne Einfluss.
- Bei innen angebrachten Markierungen müssen diese sehr hell (weiß, weißlich) und breit sein (mindestens 5 cm), um von Vögeln trotz der Reflexion der äußersten Glasschicht als Hindernis wahrgenommen werden zu können. Solche Strukturen werden vereinzelt als Sonnenschutz verwendet.
- Bei spiegelnden Scheiben wurden Markierungen mit glänzenden und nur 9 mm großen Alu-Punkten in einem 9-cm-Raster erfolgreich getestet.

Alle Markierungen sollten sinnvollerweise dauerhaft auf dem Glas angebracht werden (z. B. Sandstrahlen, Aufdrucken). Ein nachträgliches Anbringen mittels Folien ist immer möglich, aber in der Regel nicht so dauerhaft, was eine Erneuerung in regelmäßigen Abständen erfordert. Dies führt langfristig zu höheren Kosten.

Durch Scheibenanflug sterben alljährlich viele Vögel (hier: Birkenzeisig).

Wichtige nichtstaatliche Organisationen, die sich u. a. auch mit Nisthilfen beschäftigen

Naturschutzbund Deutschland e. V. (NABU) – www.nabu.de
Für die im Buch vorgestellten Arten und Artenhilfsmaßnahmen finden sich auf der Homepage des NABU viele wertvolle Tipps.

Landesbund für Vogelschutz in Bayern LBV e. V. – www.lbv.de
Zu den Artenhilfsmaßnahmen in Form von Nisthilfen und Lebensraumgestaltung gibt es vom LBV viele wichtige Anregungen für die gesamte Bandbreite der Arten.

BUND e. V. – www.bund.net
Neben breiten Umweltthemen engagiert sich der BUND auch im Artenschutz.

Stiftung Pro Artenvielfalt® – www.stiftung-pro-artenvielfalt.org
Im Rahmen von Artenhilfsmaßnahmen vor Ort konzipiert und fördert die Stiftung Artenschutzgebäude mit abgestimmten Brutmöglichkeiten für Vögel und viele andere Tierarten.

Deutsche Wildtier Stiftung – www.deutschewildtierstiftung.de
Die Deutsche Wildtier Stiftung zum Schutz und zur Förderung einheimischer Wildtiere und deren Lebensräumen engagiert sich besonders auch für Haussperlinge.

Ausgewählte Literatur

Kremer, B. P., Richarz, K. (2021): Tiere in meinem Garten. Wertvolle Lebensräume für Vögel, Insekten und andere Wildtiere gestalten. 2. Aufl. Haupt-Verlag, Bern.

Richarz, K. (2015): Vögel in der Stadt. In enger Nachbarschaft mit Mauerseglern, Spatzen, Falken und vielen anderen Vogelarten. Pala-Verlag, Darmstadt.

Richarz, K., Hormann, M. (2023): Nisthilfen für Vögel und andere Wildtiere. AULA-Verlag, Wiebelsheim.

Schäffer, A. und N. (2006): Gartenvögel – Beobachtungen vor der eigenen Haustür. AULA-Verlag, Wiebelsheim.

Westphal, U. (2018): Das große Buch der Gartenvögel. Unsere Vögel im Garten erleben, fördern, schützen. Pala-Verlag, Darmstadt.

Register

Bildnachweis

Asendorf, Anke: 97

Bria, Peter (LBV): 100

Derer, Frank: 8 u., 49

Fischer, Eric: 11, rechte Spalte 12, 17 (2a, 2b), 38, 74

Fünfstück, Hans-Joachim: 7, 58, 65, 76, 77, 82, 85

Glader, Hans: 47, 57, 70

Gröbel, Bengt-Thomas: 12, 17, 18, 19, 20 o.l., 20 m. l., 20 u. l.

Groß, Robert: 8 o. r., 9 l., 9 r., 26, 66, 81, 83, 89

Heßler, Norber: 27

Höfer, Manfred: 48

Jegen, Horst: 60

Limbrunner, Alfred: 20 u. r., 22, 28, 32, 43, 51, 52, 53, 54, 59, 61, 67, 69, 78, 87, 88

Martin, Ralph: 45, 56, 64, 73

Moning, Christoph: 62

Pühringer, Norbert: 71

Klaus Richarz / Martin Hormann: 11 o. l., 15, 16, 34, 36

Robiller, Christoph: 46

Römhild, Markus: 55

Schäf, Mathias: 38, 44, 50, 68, 74

Schäffer, Anita: 21, 23, 25, 27, 29, 31, 33, 35, 37, 39, 41, 79 u.l., 80, 84, 86, 90 u. r.

Sigg, Fritz : 63

Schwegler (Firma): 90 o.r.

Vivara (Firma): 79 o. r., 79 o. l., 79 u. r.

Vogelschutzwarte Frankfurt: 75, 92

Willner, Wolfgang: 8 o. l., 20 o. r., 91

Die Autoren

Dr. Klaus Richarz

ist promovierter Biologe, seit 1980 hauptamtlich im Naturschutz tätig und leitete 22 Jahre die Staatliche Vogelschutzwarte für Hessen, Rheinland-Pfalz und Saarland – Institut für angewandte Vogelkunde – in Frankfurt. Neben seiner beruflichen Tätigkeit war und ist er bis heute in zahlreichen Naturschutzgremien und -organisationen tätig, z.B. als Vorsitzender des Bundesverbandes Wissenschaftlicher Vogelschutz, BWV e.V. und als langjähriger Geschäftsführer der Arbeitsgemeinschaft Fledermausschutz in Hessen, AGFH im NABU. Seit vielen Jahren schreibt er Sachbücher zu den Themen Vögel, Fledermäuse, Naturschutz und Naturerleben, die in mehr als zehn Sprachen übersetzt wurden.

Martin Hormann

ist Diplom-Agraringenieur mit Schwerpunkt Umweltsicherung und war seit 1993 zunächst Mitarbeiter und danach stellvertretender Leiter der Staatlichen Vogelschutzwarte in Frankfurt. Seit März ist er in der Landesbetriebsleitung von Hessenforst im Sachbereich Waldnaturschutz beschäftigt. Von Kindesbeinen an naturinteressiert und „vogelverrückt", kann er seine Kenntnisse und praktischen Erfahrungen in die Vogelschutzarbeit einbringen. Mit zwei Kollegen hat er eine Monografie über einen seiner „Lieblingsvögel", den Schwarzstorch, herausgebracht und zusammen mit Klaus Richarz und Einhard Bezzel das „Taschenbuch für Vogelschutz".

Beide Autoren leben mit ihren Familien in Mittelhessen in ländlicher Umgebung. In ihren Haus- und Feldgärten (Richarz), Hofgärten und Streuobstwiesen (Hormann) können sie ihre Begeisterung ausleben und praktische Dinge – wie im Buch beschrieben – austesten und umsetzen.

Der Praktiker

Kurt Goß, im Buch liebevoll „Opa Kurt" genannt, hat ursprünglich den Beruf des Schreiners gelernt. Er ist seit Jahrzehnten rund um seine Heimatgemeinde Staufenberg-Treis (Mittelhessen) im praktischen Naturschutz aktiv. Durch die genaue Beobachtung seiner gefiederten Nachbarn weiß er, was sie für ein erfolgreiches Brutgeschäft brauchen. Die Autoren dieses Buches hat er immer wieder mit zahlreichen Praxistipps versorgt und ihre Arbeit im Artenschutz mit dem Bau von Spezialnistkästen unterstützt. So hängen beispielsweise in den rheinland-pfälzischen und hessischen Brutgebieten des Steinkauzes ca. 3.000 Steinkauz-Röhren, original gefertigt von „Opa" Kurt.